하주선의
퍼스널 컬러

하주선의 퍼스널 컬러

초판 1쇄 인쇄 2024년 09월 13일
초판 1쇄 발행 2024년 09월 20일

지은이   하주선
일러스트   정민주
펴낸이   김헌준
기 획   김수민   편 집 이숙영   디자인 전영진
펴낸곳   소금나무
         주소 서울 양천구 목동로 173 우양빌딩 3층 ㈜시간팩토리
         전화 02-720-9696 팩스 070-7756-2000
         메일 siganfactory@naver.com
         출판등록 제2019-000055호.(2019.09.25.)

ISBN 979-11-983831-7-4 13590

소금나무는 ㈜시간팩토리의 출판 브랜드입니다.

성공을 위한 컬러 전략 *"Personal Color is the Essence of Life's Art."*

하주선의 퍼스널 컬러

하주선 지음

소금나무

Prologue

    한적한 소도시에 퍼스널 컬러 전문교육원을 개원할 때 소속 기관, 지인은 물론 가족도 반겨주지 않았다. 퍼스널 컬러라는 용어도 대중적으로 사용되지 않아서 지인들은 무조건 반대부터 했다. 솔직히 말하면 "되겠냐?" 하는 반응이 대부분이었다.

    이러한 반대에도 불구하고 나에게 퍼스널 컬러 콘텐츠는 매력적이었다. 드레이프(진단 천) 퍼스널 컬러 진단 과정이 신비하기도 하고, 본인의 색을 찾은 고객이 만족하는 모습에 희열이 있었다. 그러던 중 타이밍 좋게도 연예인의 퍼스널 컬러 진단 과정이 예능을 통해 방영되면서 전 국민적인 관심도가 높아졌다. 진단센터를 찾아오는 고객을 분석해 보면 직업·나이·성별을 불문한다. 특히나 퍼스널 컬러 진단 이벤트 행사장에서 부모님보다 아이들이 퍼스널 컬러에 대한 이해도 높았고 관심도 더 높은 것을 통해 관심을 갖는 연령층이 넓어진 것을 확인할 수 있었다. 지금도 퍼스널 컬러 진단 프로그램(부스 행사)은 최고의 인기 프로그램이지 않나 싶다.

    아름다워지고 싶어서 하는 많은 미용 시술 중 부작용이 없는 사례는 거의 없다. 피부 박피, 얼굴 성형, 지방흡입술 등 미용 시술 및 수술 중

발생하는 사고 소식이 끊이지 않는 요즘, 부작용이 없는 퍼스널 컬러라는 대안이 있는데 지금까지는 많이 알려지지 않아서 또 일반인이 적용하기에 쉽지도 체계적이지 않아 안타까운 마음이 들었다.

스에나가 타미오(Suenaga Tamio)는 "컬러는 부작용이 없는 최고의 안정제다"라고 했다. 퍼스널 컬러 이미지 메이킹은 성장기 학생, 우울증 등을 포함한 정서·심리적 곤경자, 각종 스트레스 노출자 등에게 어울리는 최상 컬러를 찾는 과정에서 메이크업, 패션, 헤어 컬러, 웨딩 이미지 선택을 통해 심리적 안정에 큰 도움을 준다. 또한 외모 트러블, 정서·심리적 불안을 극복하기 위한 당사자 또는 고용주의 직업적 필요 등 향후 퍼스널 컬러 콘텐츠는 소비자의 관심도 향상 및 보편화 경향에 따라 전망이 밝다.

퍼스널 컬러를 체계적으로 공부한 사람들은 강사로 활동하거나 진단샵을 창업하는 등 교육생들은 각자 위치에서 퍼스널 컬러 자격증을 잘 활용하고 있다. 개인적으로는 공공기관, 지자체, 대기업(교양 프로그램), 학교(교사 연수), 문화원, 개인 등 세미나에서 강의를 많이 하고 있다. 퍼스널 컬러 개별 진단 문의가 늘면서 원주 혁신도시 내 지식산업센터로 이전하였고, 도내 대학교, 자치단체, 자체교육원 등 퍼스널 컬러 지도사 과정 수강자 요구로 강의를 하면서 교재로 혹은 참고자료로 관련 서적을 구매해 제공했다. 하지만 퍼스널 컬러를 처음으로 접하는 사람이나 전문가과정 입문자가 퍼스널 컬러 기초 이론을 보다 이해하기 쉽고 퍼스널 컬러 진단을 중점적으로 해석한 서적에 대해 아쉬움이 많아 이 책을 집필하고자 마음먹게 되었다.

이 책은 다음과 같이 구성되어 있다. PART 01 '퍼스널 컬러, 누구냐 넌' 편에서는 입문자가 퍼스널 컬러의 개념, 역사, 효용성에 대해 쉽게 이해 할 수 있도록 설명하는데 주안점을 두었다.

PART 02 '모든 것은 색채에서 시작된다' 편에서는 까다로운 색채학 중 퍼스널 컬러와 연관성이 높은 부분만을 발췌하여 쉽게 설명하는 데 주안점을 두었다.

PART 03 '퍼스널 컬러를 나에게 물들이다' 편에서는 이 책의 가장 중점적인 부문으로 퍼스널 컬러 진단을 서술하고 있다. 퍼스널 컬러의 이론적 배경, 4계절 컬러, 12가지 계절 컬러에 관한 서술은 퍼스널 컬러 진단의 신비한 세계를 일반독자와 입문자들이 쉽게 이해할 수 있도록 설명하는 데 주안점을 두었다.

퍼스널 컬러 외에도 미용 시술이나 수술을 통하지 않는 뷰티 내추럴 컨설팅은 퍼스널 체형, 향수, 퍼스널 컨슈머 등 전문화·세분화 경향을 띠고 있다. 이 모든 분야의 기초가 되는 퍼스널 컬러를 이해하기 쉽도록 도와 일반 구독자와 전문가가 되기 위한 입문자에게 본 책자가 도움이 되길 진심으로 바란다.

Contents

PART 01

퍼스널 컬러란?

퍼스널 컬러란?

자연에서 나오는 모든 물체에는 저마다 가지고 있는 색이 있다. 인간도 예외는 아니다. 인종에 따라 피부색과 톤이 다르고, 같은 인종이라해도 눈동자, 헤어 컬러 또한 저마다 다르다. 다양한 고유의 색을 지닌개인에게 같은 톤과 색상의 메이크업, 옷, 헤어 컬러를 적용하면 어떨까? 어딘가 부자연스럽지 않을까? 오직 나만이 가진 고유한 색감에 기초해 나에게 어울리고 더욱 돋보일 수 있게 어우러지는 색이 바로 퍼스널 컬러이다. 쉽게 말하면 퍼스널 컬러란 나만의 색인 것이다.

02 Personal color

퍼스널 컬러의 시작

퍼스널 컬러는 미술과 색채학의 역사 속에서 자연스럽게 만들어진 것이다. 따라서 누가 언제 처음 만들었다기보다는 연도별로 어떤 식의 담론이 주로 오갔는지를 통해 퍼스널 컬러의 시작을 짐작해 볼 수 있다.

<u>20세기 초</u> : 주로 화가, 디자이너들에 의해 색상이 인간의 외형에 어떤 영향을 줄 수 있는지 단순히 미학적인 탐구라는 관점에서만 색상이 분석되었다.

<u>1900년대~1930년대</u> : 초기 퍼스널 컬러의 초석이 다져진 시기로, 이때부터 예술가들과 패션 전문가들은 어떤 색상이 개인의 외모를 더 매력적이고 돋보일 수 있게 할 수 있는지 본격적으로 연구하기 시작했으며, 대표적인 인물로는 요하네스 이텐(Johannes Itten)이 있다.

요하네스 이텐은 독일의 바우하우스에서 1919년부터 1923년까지 강의를 하며 컬러 이론과 예술 교육에 토대를 마련해 현대의 디자인 영역에 큰 영향을 미쳤다. 그의 컬러 이론에는 지금의 퍼스널 컬러에서 사용하고 있는 많은 요소가 담겨있는데 이텐은 머리카락 색과 피부색, 동공의 색상 등 컬러와 외모의 연관성을 연구했고 이런 조화가 잘 어우러졌을 때 초상화에서 큰 시너지를 낼 수 있다는 점을 알아냈다. 또한 이텐은 4계절 컬러 팔레트를 만들어 어떤 조합을 사용하면 작품이 더 돋보이고 조화를 이룰 수 있을지에 대해서 연구를 진행하여 퍼스널 컬러의 기초를 다졌다.

1940년대~1950년대 : 이때는 주로 할리우드에서 배우들의 이미지에 맞는 적절한 색상을 찾기 위해 컬러 컨설턴트들을 고용하는 것이 유행이었다. 마를렌 디트리히(Marlene Dietrich)와 그레이스 켈리(Grace Kelly)와 같은 여배우들은 그들의 외모를 돋보이게 하는 옷 색상을 신중하게 선택하는 것으로 유명했다.

1960년대~1990년대 : 아메리칸 패션 디자이너로 활동한 수잔 케이질(Suzanne Caygill)은 자신이 활동했던 예술, 패션, 디자인 분야의 경험을 토대로 피부톤이나 머리, 눈동자 색상과 어울리는 색을 연구했고, 이후 퍼스널 컬러의 16개 색상 분석 방법을 개발해 계절 색상 팔레트에 접목하였다.

그녀는 자신이 닦은 이론을 기반으로 1980년대에 『Color: The

Essence of You』를 출간한다. 이 책에서 계절에 따른 색채 조합을 분류하고 특징을 정리하는 등 퍼스널 컬러 분석 개념을 한 층 더 발전시키고 시스템을 구체화했는데 대표적으로 16개의 색상을 구별하는 방법을 바탕으로 계절 색상 팔레트를 개발했다. 그러나 다소 복잡하고 전문적이라는 평과 함께 대중적으로 널리 쓰이지는 못했다. 하지만 색상을 분류하고 계절에 접목하는 것 외에도 디자이너라는 직업에 맞게 각 개인의 개성에 어울리는 스타일링, 액세서리 등을 제안하는 등 패션에도 퍼스널 컬러를 접목하고 응용하는 데 중점을 뒀다는 점에서 퍼스널 컬러의 확장성을 넓혔다고 볼 수 있다.

1980년대에는 캐럴 잭슨(Carole Jackson)이 쓴 『Color Me Beautiful』이 큰 인기를 끌어 퍼스널 컬러의 대중화에 영향을 미쳤다. 이 책에서 캐럴 잭슨은 간단하게 4계절 컬러에 따라 퍼스널 컬러를 분류하여 사람들이 쉽게 이해할 수 있도록 소개했다. 아울러 각 계절에 맞는 메이크업과 스타일링을 쉽게 할 수 있도록 제시하였다. 또한 다양한 패션 스타일이 동시에 유행하며 대중들이 패션과 스타일에 활발한 관심을 보이던 시기였기 때문에 퍼스널 컬러가 대중의 관심을 받을 수 있었다.

2000년대 ~ 현재 : 최근에는 기존의 4계절 분류법 외에 12 계절 분류법도 활발하게 활용 중이고 계절적 분류 외에도 각 개인의 고유한 특성에 맞춤화된 분류법을 사용하는 경향도 생겨나고 있다. 기술 발전과 더불어 디지털 도구를 활용할 수 있는 시기가 되자 사람들은 온라인뿐만 아니라 앱(App)을 통해 퍼스널 컬러를 확인하는 것이 가능하게 되었다. 이외에도 개인이 아닌 기업들이 퍼스널 컬러를 활용하여 다양한 마케팅에 활용하고 있는데 주로 고객을 세분화하거나 기업 자체의 브랜딩 혹은 제품 브랜딩을 할 때 퍼스널 컬러를 활발하게 활용하고 있다. 또한 제품뿐만 아니라 기업이 이미지를 변신하고 이를 통해 소비자들의 반응을 도출해 내는 등의 다양한 시도도 하고 있다.

결국 예술과 미학의 영역에서 시작된 퍼스널 컬러가 시간이 흘러 패션, 뷰티, 디자인 외에도 다양한 산업에 큰 영향을 미치고 있는 셈이다.

퍼스널 컬러의 중요성

퍼스널 컬러의 중요성을 이해하려면 우리가 일상적으로 입는 의류를 생각해 보면 된다. 예를 들어 학창 시절을 떠올려 보자 그 시절 대부분 학교에서 교복을 입었을 텐데 청춘이라는 필터를 제외하고 바라본다면 교복은 사실 정형화된 색상과 디자인을 지니고 있기에 학생 개인의 개성과 매력이 살지 않는다고 느낀 적이 분명 있을 것이다. 개인마다 타고난 고유한 색감이 있는데 이들에게 같은 색상의 옷을 입혔을 때 느껴지는 느낌 또한 같을 수 없는 건 당연한 이야기일 수밖에 없다. 이 책을 다 읽고 퍼스널 컬러에 대해 알고 난 후, 기억을 더듬어 과거로 돌아가 교복의 색감이 자신의 퍼스널 컬러에 맞는지 한번 비교해 보자. 디자인은 제외하고 본다면 본인의 학창 시절 교복에 대한 만족도와 비슷하지 않은가?

퍼스널 컬러를 알면 그 순간부터 색채에 대한 두려움을 조금은 내려

놓을 수 있을지도 모른다. 기본 뼈대가 잡혀있으면 인터넷에서 옷이나 액세서리, 하다못해 화장품을 사더라도 블라인드 테스트를 하는 것 같은 불안감을 덜 수 있고 자신의 매력을 높이는데 최대한으로 활용할 수 있을 것이다. 확고한 기준이 있기 때문이다.

비단 개인뿐만 아니라 기업도 마찬가지이다. 애매한 위치에 기업 색채도 뚜렷하지 않으면서 소비자들의 머릿속에 각인되길 바라는 건 너무 큰 욕심이 아닐까. 브랜딩에 있어서 퍼스널 컬러는 어떤 이미지로 소비자들의 기억에 자리 잡을지에 대한 시각적인 인상과 더불어 감정적으로 해당 브랜드에 대한 직관적인 느낌을 전달할 수 있으므로 시장과 대상을 선점하고자 한다면 타 브랜드와 차별화된 브랜딩은 필수적이고 여기에 브랜드만의 퍼스널 컬러는 필수 불가결한 요소다. 몇 가지 화장품 브랜드의 로고를 한번 예로 들어보자. 참고로 이 브랜드들은 모두 한 회사에서 운영하고 있음을 알린다.

👍 젊은 여학생들을 대상으로 공주 콘셉트의 정체성을 가진 ETUDE

💧 깨끗한 자연과 친환경을 강조하는 브랜드인 INNISFREE

| 기존 로고 | 2018년 로고 변경 | 2023년 리브랜딩 |

💧 의약학적 경험의 축적을 강조한 브랜드인 AESTURA

ΛESTURΛ

예를 들어 위의 브랜드의 로고들을 파란색 하나로 통일했다고 해 보자. 어떨 것 같은가? 아무리 이름을 잘 짓고 제품을 잘 만들어도 소비자들은 브랜드를 구분하기가 쉽지 않을 것이고 대상을 공략하기도 쉽지 않을 것이다. 결국 브랜드별로 고유하고 확고한 이미지를 가질 수 있는 핵심은 브랜드의 정체성을 잘 녹여낼 수 있는 고유한 색감, 즉 퍼스널 컬러에 있음을 확인할 수 있다.

물론 좋아하는 색이 나와 어울리지 않는다는 상황은 누구나 한 번쯤 겪어봤을 수 있다. 예를 들어 웜톤인데 여름 쿨톤 컬러를 좋아한다는 등의 고민이 있을 수도 있다. 하지만 뒤집어 오히려 도전할 수 있는 기회라고 생각해 보자. 왜냐하면, 사실은 그 색이 좋아서인지, 혹은 다른 색상을 한 번도 시도해 보지 않아서인지 판단할 기회가 없었을지도 모르기 때문이다. 낯선 색이라 무의식적으로 두려워서 인지는 아닐지도 고려해봐야 한다. 인간은 의외로 익숙한 것을 선호하고 기존의 선택을 자주 바꾸지 않는 경향이 있기 때문이다. 하지만 눈으로 보고 경험해서 데이터가 쌓이면 생각이 바뀔 여지는 충분히 있다.

결국 퍼스널 컬러의 궁극적인 목표는 자신을 더 잘 이해하고 객관적 분석을 통해 자신감과 매력을 높이는 것이다. 퍼스널 컬러를 통해 더 나은 나를 발견해보자. 나를 더 매력 있게 표현해 줄 수 있는 또 다른 색상이 기다리고 있을지도 모른다는 설렘과 개방적 사고를 하고 퍼스널 컬러를 알아보는 건 어떨까?

PART 02

모든 것은 색채에서 시작된다

　사진 속 A와 B의 색깔은 같을까 다를까? 겉으로 보기엔 A가 진한 회색이고 B가 옅은 회색으로 보이지만 사실 이는 착시현상이다. 해당 부분만 잘라서 다시 보면 A와 B가 같은 색이라는 것을 확인할 수 있다. 우리 눈은 왜 이런 착시현상을 느끼는 걸까? 첫 번째 사진과 다르게 두 번째 사진에서 두 타일이 같은 색으로 보이는 이유는 그림자라는 주변 환경의 정보를 제거했기 때문이다. '아델슨의 체커그림자' 라고 불리는 이 착시현상은 우리 눈이 색을 인식할 때 무의식적으로 주변의 색, 환경(그림자)에도 영향을 받는다는 것을 알 수 있게 한다. 눈이 사람마다 주관적일 뿐만 아니라 착각도 가능하다는 걸 이 착시현상을 통해 알 수 있다.

색의 기본 이해

사과, 오렌지, 바나나, 피망, 가지 그리고 빨강, 주황, 노랑, 초록, 보라. 이외에도 우리 주변에는 색을 가지고 있는 다양한 사물들이 존재한다. 그런데 색이 없어진다면 어떨까. 과일에 색이 없다면 우리는 과일을 구분할 때 형태나 냄새처럼 시각 정보 외에 촉각, 후각 정보에 더 의지하게 될 것이다. 상상해보자 한눈에 보면 바로 구별할 수 있던 과일이 색이라는 정보 없이 더듬더듬 촉감으로 만져보거나 킁킁 냄새를 맡으며 판별해야 한다면 일상생활이 얼마나 불편할까?

이렇게 삶에 있어서 소중한 색을 인간이 인식하고 빨강, 주황, 노랑처럼 구별할 수 있는 이유는 바로 빛이 있기 때문이다. 우리 눈의 망막에 있는 신경 세포는 빛의 파장에 따라 색을 구분할 수 있는데 이때 물체에 반사된 빛의 파동에 따라 색을 구분하고 인식하게 되는 것이다.

단순하게 생각하면 물체가 파란색을 반사하면 파란색으로, 초록색을 반사하면 초록색으로 보이는 것이다.

이런 색에는 색상(Hue), 명도(Value), 채도(Chroma)라는 3가지 구성 요소가 있다.

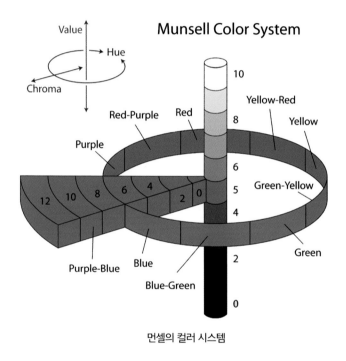

먼셀의 컬러 시스템

위의 사진을 보면 색상은 크게 3 분류로 나누어져 있음을 확인할 수 있는데 원색의 분류인 색상(Hue), 색상의 밝기의 정도를 의미하는 명도

(Value) 그리고 색상의 맑고, 탁함을 나타내는 채도(Chroma)가 색에서 어떤 식으로 작동하는지 직관적으로 이해할 수 있다. 이런 컬러 시스템 이론은 미술, 디자인뿐만 아니라 컴퓨터 그래픽이나 인쇄업, 패션 등 다양한 분야에서 공통으로 통용되는 기준으로 색을 다루는 분야라면 쓰이지 않는 곳이 없다. 그럼 각각의 요소가 구체적으로 어떤 특성이 있는지 알아보자.

1) 색상(Hue)

12가지 색상

색상은 빛의 파장에서 나오는 원색을 말하며 무채색은 해당하지 않는다. 아래의 이미지에 나오는 먼셀의 10가지 색상환은 기본적인 색상들만 제시되었다고 보면 되고 각 색상 사이에 더 많은 다양한 색상이 존재한다.

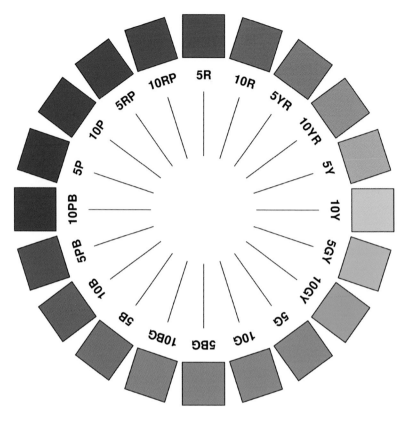

먼셀의 10 색상환

　10 색상환에서는 퍼스널 컬러에 핵심인 쿨톤, 웜톤의 토대라고도 볼
수 있는 한색과 난색으로 색을 구분할 수 있다. 따뜻하고 포근한 느낌
을 주는 빨강, 주황, 노랑을 난색으로, 시원하고 차가운 느낌을 주는 청
록, 파랑, 남색을 한색으로 구분한다. 그리고 그 경계에 두 가지 느낌을
모두 느낄 수 없는 중성적인 느낌이 있는 연두와 자주가 있다.

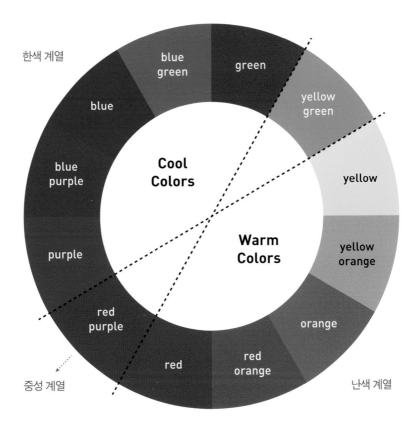

한색과 난색 그리고 중성 계열 색상

색상환에서는 각각의 원색들을 유사색과 보색으로 분류할 수 있다. 보색은 서로 대척점에 있는 반대되는 색을 의미하고 인접색은 말 그대로 선택한 색과 인접해 있는 색을 말한다.

보색 조합은 정 반대되는 색이기 때문에 같이 있으면 서로를 강조해주고 뚜렷한 대비 효과를 낼 수 있어 주로 생동감이나 활력있는 이미지

보색(Complementrary)

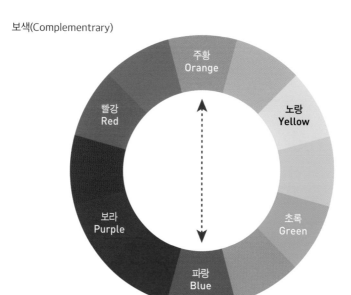

유사색(Analogous)

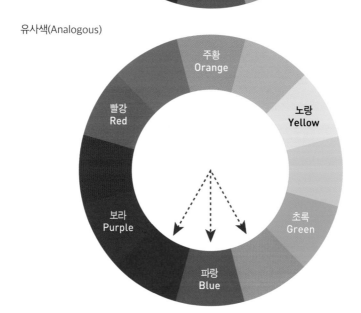

보색과 유사색(Complementrary)

보색과 유사색(인접색)

를 만들 때 사용하는 조합이다. 유사색은 비슷한 색 조합이라 비교적 보색에 비해 강조되고 대비되는 느낌은 약하지만 편안하고 자연스럽게 어우러지는 느낌을 주기 때문에 안정감 있는 이미지에 주로 사용된다. 자신이 어떤 이미지를 표현하고 싶은지에 따라서 스타일링을 할 때 보색이나 유사색을 적절히 사용하면 원하는 분위기와 이미지를 만들 수 있다.

2) 명도[Value or Lightness]

명도는 이름에서도 알 수 있듯 빛의 정도를 나타내는 색의 중요한 요소다. 명도는 특정 색상이 얼마나 밝거나 어두운지를 판단할 때 사용된다.

0~10의 척도로 볼 때 명도가 0에 가까울수록 검은색을 나타내고, 10

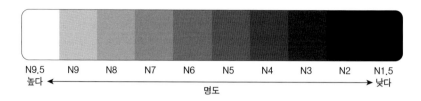

| N9.5 | N9 | N8 | N7 | N6 | N5 | N4 | N3 | N2 | N1.5 |

높다 ←———————————————————————————→ 낮다

명도

무채색의 명도

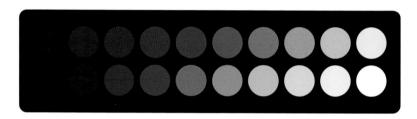

유채색의 명도

에 가까울수록 흰색을 나타낸다. 색상과 다르게 무채색과 유채색 모두 명도를 가지고 있다.

위의 사진처럼 같은 푸른색 계열이지만 명도가 높고 낮을수록 색상 이 달라진다. 하늘색은 명도가 높고 남색은 명도가 낮다고 보면 된다. 만약 물감을 만든다면 남색 은 검은 물감을, 하늘색은 하얀 물감을 섞 으면 원하는 색을 얻어낼 수 있다.

이런 명도는 이미지의 분위기를 좌우하는데 큰 영향을 끼치는데, 명 도가 높을수록, 즉 밝을수록 활기차고 경쾌한 분위기를 만들어 낼 수 있고, 명도가 낮을수록, 즉 어두울수록 차분하고 진중한 분위기를 느낄 수 있다.

Personal color

3) 채도(Chroma or Saturation)

값에 따른 채도의 차이

　채도는색상의 맑고, 탁함을 나타낼 때 쓰는데 채도가 높을수록 색은 본연의 색채가 더욱 선명해지고 채도가 낮을수록 무채색에 가까워진다고 생각하면 된다.

　채도는 명도와 헷갈리는 사람이 많은데 채도는 색상의 강도라고 생각하면 되고 명도는 색상의 밝기라고 생각하면 이해하기가 쉬울 것이다. 가장 좋은 방법은 위의 사진처럼 포토샵이나 라이트룸, 혹은 핸드폰의 보정앱에 들어가서 명도와 채도값을 직접 조정해본다면 차이가 무엇인지 직감적으로 이해할 수 있다.

4) 색조(Tone)와 명청색조(Tint), 암청색조(Shade)

틴트, 쉐이드, 톤 혹은 색조라는 단어들은 화장해 본 사람이라면 누구나 한 번쯤 들어봤을 용어들이다. 무엇보다 톤은 뷰티, 화장품 산업뿐만 아니라 퍼스널 컬러에서 쓰는 중요한 용어로 웜톤, 쿨톤 등 색상 용어를 말할 때도 들어가는 단어다.

명청색조라고 불리는 틴트(Tint)는 기본 색상(Hue)에 화이트를 섞는 것을 의미하는데, 틴트값이 높을수록 파스텔 색상처럼 색이 부드러운 느낌을 지닌다. 우리나라 말로 담색이라고도 하지만 대부분 틴트라는 용어를 사용하는 추세다.

톤(Tone)은 명도와 채도를 종합적으로 사용한 개념으로 명도와 채도 각각의 값에 따른 강약과 농담 등에 의해 느낌이나 분위기가 결정되는 것을 의미한다. 다른 의미로는 그림에서도 볼 수 있듯이 회색을 혼합하여 만든 색을 톤이라고도 한다.

암청색조(Shade)는 말 그대로 그림자처럼 어두워지는 것을 말하는데, 틴트와 반대로 검은색을 섞는 것을 의미한다.

명청색조(Tint)와 암청색조(Shade)

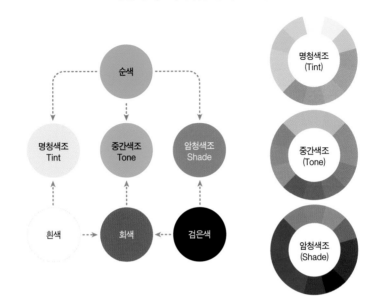

Tints (Hue + White)

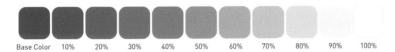

| Base Color | 10% | 20% | 30% | 40% | 50% | 60% | 70% | 80% | 90% | 100% |

Tones (Hue + Gray)

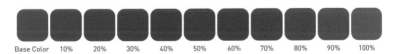

| Base Color | 10% | 20% | 30% | 40% | 50% | 60% | 70% | 80% | 90% | 100% |

Shades (Hue + Black)

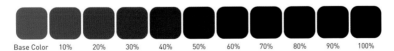

| Base Color | 10% | 20% | 30% | 40% | 50% | 60% | 70% | 80% | 90% | 100% |

틴트, 톤, 쉐이드

색의 시작과 아이덴티티

초기 문명에서부터 색은 의미 전달, 예술, 종교, 예식 외에도 일상생
활에서 중요한 역할을 해왔다. 지금이야 과학기술이 워낙 발달했기 때
문에 우리가 원하는 색 조합을 자유롭게 얻고 쓸 수 있지만, 과거에는
오로지 자연에서만 색을 얻어내야 했다. 학계에서는 보통 인간이 뚜렷
한 목적과 의미를 가지고 그린 그림을 동굴 벽화가 시초라고 보는데 이
것을 보통 선사 미술, 초기 미술이라고 한다. 이때 고대 인류가 벽화를
그리기 위해 사용한 주재료는 밝혀진 바에 따르면 흙(황토색, 붉은색)과 숯
(검정)이 전부였고 이것이 바로 인간이 가장 처음 사용한 염료이자 색인
셈이다. 흙과 석탄, 숯은 비교적 안전한 재료들인데, 자연이 인류가 색
을 탐하는 걸 마땅치 않다고 여긴 건 아닐까 싶을 정도로 앞으로 언급
할 인류가 색을 구현하기 위해 써왔던 재료들은 대부분 독성이 강한 물
질들이다.

1) 빨강

태초에 인류가 빨간색을 가장 자주 접할 수 있었던 건 바로 피었다. 그래서 빨강은 폭력, 전쟁, 힘을 상징하는 색이다. 그리스 로마신화에 나오는 전쟁의 신 아레스를 상징하는 색도 빨강이다. 동시에 빨강은 심장과 사랑을 의미하는 색이기도 하다. 그래서 열정과 용기도 상징한다. 강렬한 색채 때문에 빨강은 금지나 경고의 색으로도 사용되는데 자동차 브레이크등의 색도 빨강이고 정지 표시도 빨간색으로 되어있다. 그만큼 빨강이라는 색은 우리 눈에 잘 띄는 선명한 색인 셈이다.

고대인들은 빨강을 진사 또는 황화수은이라 불리는 광물에서 추출했는데 이 물감을 버밀리온(Vermilion)이라고 부른다. 터키, 중국, 이집트, 그리스·로마 등 다양한 문명에서 이 진사를 활용해 벽화나 염료로 활용해

진사 원석(좌) 연지벌레에서 추출한 코치닐 색소(우)

빨간색을 표현했는데 당시에는 이 진사가 얼마나 독성이 강한 물질인지 알지 못했기 때문에 몸이나 입술에 바르는 데까지도 사용됐다.

이외에도 마야, 아스테카 문명의 아메리카 대륙 원주민들은 연지벌 레를 통해 빨간색 염료를 얻어냈는데, 스페인의 아메리카 대륙 침략 이 후 유럽으로 전해지게 되고 코치닐 레드라는 이름으로 엄청난 인기를 끌어 이후 유럽에서 활발하게 사용되는 색상 중 하나가 되었다. 코치닐 레드는 미술뿐만 아니라 의복이나 화장품, 심지어 식품 식용 색소에까 지 사용됐고 인공 염료들이 발명된 지금까지도 사용되고 있다.

Orange

2) 주황

어떤 사람은 오렌지색이 더 익숙할지도 모르는 주황색. 주황은 빨강 의 바로 옆에 있는 이웃이라 멈춤, 정지의 이미지인 빨강으로 가기 직 전 멈출 준비 혹은 경계의 의미로 사용한다. 보통 신호등에서도 파란불 에서 빨간불로 넘어가기 전에 준비 신호를 주황색으로 사용한다.

또한 경계의 의미를 확장해 안전이라는 의미로도 사용돼 공사장의 안전조끼나 소방관들의 유니폼에서도 주황색을 찾아볼 수 있다. 이렇 게 중립의 의미로 사용되는 주황색은 시작부터도 정체성이 확실한 색 은 아니었다. 빨강과 노랑 사이의 애매한 색, 그래서 고대에 주황색은 오렌지(Orange)가 아니라 누런 빨강, 황적색의 의미인 지올루레아드 (Geoluhread)라고 불렀다고 한다.

그러다 뉴턴이 분광 실험을 통해 우리 눈으로 볼 수 있는 빛을 7가지로 구별해내면서 당당히 무지개색에 한 자리를 차지하게 되었다. 경계나 준비의 의미 이외에도 주황은 유쾌함, 장난, 식욕이나 곡식이 익는 따뜻한 가을, 활기를 의미하기도 한다.

  고대 사람들은 주황색을 둘 다 황화비소 광물인 레알가(Realga)와 오르피먼트(Orpiment)를 곱게 갈아 물감으로 사용했는데, 이집트에서는 일찍이 이 광물들이 어떤 효과가 있는지 알았는지 시체를 미라로 만들기 위한 방부처리 작업에 쓴 흔적이 나오기도 했다. 수 세기가 지나 18세기와 19세기 사이에 여러 화학자에 의해 크롬을 기반으로 한 인공 염료들이 만들어졌고 이때 주황색 염료도 만들어지게 된다.

오르피먼트

3) 노랑

은행잎이나 병아리가 생각나는 노란색, 어린이 보호구역처럼 어린이를 상징하기도 해 희망과 명랑함을 나타내는 색이기도 하다. 하지만 이와 정반대로 배신과 어리숙함, 혹은 정신적으로 온전하지 못한 상태를 의미하는 색이기도 하다. 이렇게 양면적 의미의 노란색은 동양과 서양 문화권에서도 다른 의미로 사용됐다.

먼저 서양에서는 중세시대에 겁쟁이, 배신과 같은 의미로 통용되다 중세 미술에서 예수를 배신한 유다에게 노란색 옷을 입히기 시작하면서부터 그 이미지가 굳어지게 되었다고 한다. 이런 인식은 이후에도 이어져 나치가 유대인들을 핍박할 때 그들을 구별 짓기 위해 유대인을 상

유대인의 별

징하는 다윗의 별에 노란 배경을 입혀 가슴에 부착하게끔 했다.

반면 동양에서 노랑은 전혀 다른 의미로 사용됐는데 아래의 오방색
(좌) 그림을보면 노랑은 금색과도 비슷할 뿐만 아니라 토(土)를 의미해
우주의 중심이자 고귀함을 의미하는 색으로 간주하여 황제만이 사용할
수 있는 색이었다. 중국의 황제가 입는 곤룡포도 노란색이었고 자금성
의 기와도 노란색이다.

처음엔 옐로 오커를 통해 노란색을 만들어 쓰다 주황색을 얻는 데도
사용됐던 황화비소인 오르피먼트에서 노란색을 추출했다. 그러다 17
세기 초 나폴리 옐로우라는 이름의 노란색을 발견하게 되는데 여기에
는 오르피먼트의 황화비소보다 더 유독한 납과 같은 중금속이 포함되

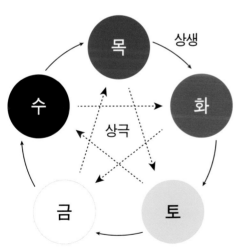

오방색(좌)과 자금성(우)

어있어 건강에는 아주 좋지 못했다. 이후 19세기 무렵 비교적 덜 위험한 카드뮴 옐로가 등장하면서 앞서 말했던 오르피먼트와 나폴리 옐로우를 만들 때 사용했던 독극물들과 접촉할 일은 줄어들게 되었다.

4) 초록

'Green'이라는 단어도 어원이 'grow', '자라다'라는 말에서 유래했듯이 대지의 색이자 자연 그 자체를 의미하는 초록색은 생명과 재생의 의미가 있다. 병원의 마크가 녹색 십자가인 이유도 초록색의 상징성 때문이다.

현대인들은 피로에 찌든 몸을 이끌고 자연으로 삼림욕을 하러 들어가거나 푸른 들판에서 휴식을 취하곤 한다. 실제로 자연의 녹음을 바라보거나 자연에 가까운 초록색을 볼수록 눈의 피로도를 줄일 수 있다는 연구 결과도 있으니 초록색이 인간에게 얼마나 친숙하고 친밀한 색인지 알 수 있다. 빨강, 주황이 정지, 경계의 의미로써 신호등에 사용되고 있다면 초록은 출발의 의미로 사용되고 있으니 초록은 앞서 언급한 색들에 비해 긍정적인 의미가 가득할 것만 같은 생각이 들지만 역시 초록색도 양면성을 가진 색이다. 미국의 달러가 초록색이다 보니 초록은 돈, 탐욕을 상징하는 색이기도 하면서 동시에 독극물을 상징하기도 한다. 자연과 재생을 상징하는 색이 어쩌다 독극물을 상징하는 색이 됐을까?

1775년 칼 빌헬름 셸레(Carl Wilhelm Scheele)라는 화학자는 구리의 산

화되는 성질을 연구하다 비소와 구리를 합성해 셸레그린이라는 초록색 물감을 얻는 방법을 알게 됐다. 이전에 초록색 물감을 말카라이트라는 비싼 광물에서 얻다 보니 셸레가 만든 합성 화합물은 상대적으로 저렴해 화가들에게 큰 인기를 끌었고 결과적으로 많은 화가가 비소 중독으로 고통스럽게 사망했다. 이 때문에 초록은 독극물을 상징하는 색이 된 것이다.

19세기 과학기술의 발전으로 각종 물감들이 화학 합성물로 만들어지기 전에 초록색도 역시나 다른 색들과 마찬가지로 광물에서 물감을 추출했다. 말카라이트는 고대 이집트 문명에서부터 사용되었던 초록색 물감의 원료가 되는 광물이었는데, 사실 자연에서 초록색은 어딜 가

병원 마크(좌)와 독극물(우)

나 볼 수 있었지만, 염료나 물감으로써 적합한 재료를 찾기는 쉽지 않았다고 한다. 어떤 이유에서인지 말카라이트는 이집트와 중국에서 최초로 사용된 흔적과 함께 르네상스 시대까지는 활발하게 사용됐지만, 중세시대부터는 쓰임이 줄었고 간간이 구리가 녹슬어 생긴 녹색, 즉 녹청을 사용했다. 아마도 중세시대에 들어서면서부터 녹색은 서구권에서 마녀, 악마의 색, 불행을 일으키는 색으로 간주하다 보니 쓰임이 많지 않아서 그렇다는 의견도 있는데, 어느 정도 신빙성은 있는 말인 것 같다. 여기에 더해 앞서 이야기했던 셀레그린 사례와 맞물려 초록에 대한 이미지는 서구권에서 꽤 오랫동안 부정적이었다고 볼 수 있다. 이렇게 부정적이었던 녹색에 대한 이미지가 바뀐 건 현대에 들어서 녹색을 환경이나 자연, 재생과 같이 긍정적인 키워드를 내세울 때 사용했기 때문이었다고 볼 수 있다.

말카라이트

Blue

5) 파랑

바다, 하늘, 물, 시원함, 청량함 혹은 창백함, 차가움, 우울함, 축축함 등이 연상되는 파란색은 고대 이집트 문명에서 처음 발명된 색이다. 특히 인류가 최초로 화학 물질을 합성해 만든 색이라고도 불리는 이집션 블루는 석회, 구리, 모래 등의 광물들을 고온으로 구워내 얻었는데 제작 과정이 너무 까다로워 로마에서 잠깐 인기를 끌었지만, 대중적으로 오래 사용되진 않았다. 이후 청금석이라는 귀한 재료를 통해 울트라마린이라는 색을 얻어내긴 했지만 역시 청금석 자체가 워낙 귀하다 보니 인공 염료가 발명되기 전까지 파란색은 값이 너무 비싸 왕이나 귀족 그리고 그들에게 후원받는 예술가들만이 사용할 수 있을 정도여서 화가들은 중요한 부분에만 울트라마린으로 채색을 했다고 한다.

이집션 블루

울트라마린

인디고 (쪽)

　　우리에게는 쪽빛이라는 단어로 더 익숙한 인디고는 인도가 원산지라고 알려져 있는데 무역을 통해 그리스·로마에서 사용했고, 지중해 건너 이집트에서도 이용했다고 한다. 아무래도 값비싼 청금석을 원료로 사용하는 울트라마린보다 식물에서 추출하는 인디고가 상대적으로 저렴했기 때문에 대체재로써 대중적으로 많은 수요가 있었던 셈이다. 물론 원료인 청금석보다 상대적으로 저렴했을 뿐 인도에서 원재료인 쪽을 수입해 오는 일도 만만치 않았다고 한다. 이후 18세기에 들어서 프러시안 블루라는 인공적인 색이 나오면서 비로소 화가들은 파란색을 마음 놓고 쓸 수 있었다고 한다.

6) 보라

　앞서 시대나 문명에 따라 양면성을 가져왔던 색들에 비해 보라색은 동서양 모두 긍정적인 의미를 가진 색으로 간주했는데 신비로움과 신성함, 성스러움 혹은 권위와 권력을 상징하는 의미가 있다. 이집트의 클레오파트라는 보라색을 너무 사랑한 나머지 자신을 휘감고 있는 모든 것들뿐만 아니라 자신이 타고 다니는 바지선에도 보랏빛을 띤 돛대를 사용해 로마인들에게 큰 충격을 줬다는 이야기도 있다. 실제로 이를 본 카이사르가 이후에 로마에서 보라색은 왕족만 사용할 수 있다고 선포했고 네로는 아예 본인 이외에는 아무도 보라색을 사용할 수 없다고 엄포를 놓았다는 이야기도 있다. 종교에서도 보라색을 대하는 비슷한 태도를 발견할 수 있는데 가톨릭의 성직자들이 미사를 주관할 때 입는 전례복에도 보라색이 사용된다.

뿔소라

보라색이 이렇게 극소수를 위한 색이 된 이유는 아주 간단하다. 보라색을 얻는 방법이 아주 까다롭고 값이 매우 비쌌기 때문이다. 공식적으로 알려진 보라색의 사용은 페니키아인들이 처음이라고 알려져 있고 이 방식이 이집트, 그리스·로마로 퍼져나간 것으로 보고 있다. 티리언 퍼플이라는 이 색은 염료 1g을 얻기 위해 뿔소라가 약 1만2,000여 마리가 필요했고 염료로 추출하는 과정도 긴 시간이 필요하고 매우 복잡해 애초에 아무나 사용할 수 없는 색이기도 했다. 여기에 더해 냄새도 고약하다 보니 자기 주머니에서 내놓고 쓸 정도의 용기를 가진 사람도 없었을 것이다.

7) 흰색

흰색도 역시나 다른 색과 마찬가지로 양면성을 가진 색이다. 순백, 순수, 신성함, 청결과 위생, 빛을 상징하면서도 동시에 창백함, 공허함, 공포가 느껴지는 색이다. 과학자들은 '흰색은 사실 색이 아니다'라고 이야기하는데 사실 맞다. 색상은 앞 장에서도 이야기했듯 빛이 사물에 반사되어 우리 눈에 들어오는 파동의 종류에 따라 우리가 빨강, 파랑, 노랑 등의 색을 인식하는 것인데, 흰색은 모든 색의 파장이 합쳐져 있는 상태이기 때문에 흰색이라는 파장은 존재하는 것이 아니다. 따라서 흰색은 색이 아니다.

여기까지는 이론적인 이야기이고 흰색이 색이냐 아니냐를 따지기보단 과거부터 인류가 흰색을 어떻게 써왔는지에 초점을 두고 바라보는 편이 맞다. 쓰임을 기준으로 본다면 사실 인류는 흰색도 다른 색들과 마찬가지로 하나의 색으로 인식해 사용해 왔다는 걸 알 수 있는데. 선사시대 동굴 벽화에서 백악이나 불에 구운 본 화이트, 즉 뼈를 이용해 그림을 그린 흔적을 발견할 수 있고 이를 바탕으로 흰색은 인류가 처음으로 사용한 색 중 하나라는 평가를 받고 있다. 서양이나 일본에서 전통 혼례를 치를 때에 신부가 입는 옷도 흰색의 옷인데 이는 순백, 순결을 의미했고 자연스럽게 웨딩드레스는 흰색이라는 이미지가 지금까지도 자리 잡고 있다.

Black

8) 검정

무채색의 끝판왕인 검정은 인류의 역사 속에서 어두움, 죽음, 밤, 그림자 등 부정적인 이미지와 결부되어 사용됐다. 간혹 검소함이나 경건함을 상징하기도 했지만 대부분 부정적인 느낌이 강했다. 검은 고양이나 개는 불결하다는 인식까지 있을 정도였으니 말이다. 검은색을 대하는 동서양의 마음이 모두 통했는지 서양의 사신이나 동양의 저승사자 모두 검은색의 옷을 입고 있다. 더 나아가 가톨릭의 신부들이 입는 '수단'이라는 제복이 검은색인 이유도 세속에서의 죽음을 의미하기 때문이다. 그러다 현대에 와서야 비로소 검은색은 시크함, 깔끔함 등 고급스러운 이미지로 재해석돼 많은 사람, 특히 한국인의 사랑을 받는 색으로도 자리매김하는 중이다.

수단을 입은 사제들

    검정은 흰색과 마찬가지로 인류가 처음 사용한 색 중 하나인데 주로 석탄이나 목탄을 이용해 만들었다. 이집트인들은 더 나아가 양초나 램프의 그을림에서 얻을 수 있었던 유연을 이용하기도 했다. 그런데 재밌는 사실은 앞서 말한 검정은 모두 순도 100%의 검은색이라고는 할 수 없다는 점이다. 우리 주변에 있는 검정을 가진 물건들을 보면 어느 정도 형태나 음영, 질감을 볼 수 있는데 이는 빛을 100% 흡수하지 못하기 때문이다. 진짜 검정은 사실 이 모든 것이 보이지 않아야 한다.

    과학기술의 발전으로 검정을 더욱 검정으로 만드는 데 거의 성공했다. 반타블랙(Vanta black)은 99.965% 빛을 흡수해 '인간이 만든 블랙홀'

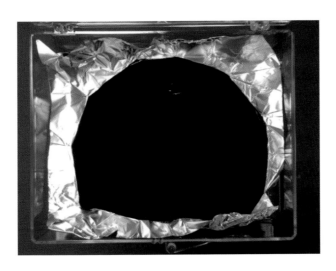

반타블랙

이라는 수식어로 불리는데 사진에서 볼 수 있듯이 은박지의 구겨짐이 전혀 보이지 않는 것을 볼 수 있다. 우리가 앞서 보라색을 이야기할 때도 그랬듯이 반타블랙을 만든 영국의 서레이 나노시스템스는 반타블랙의 사용 권한을 거액을 지급한 한 인도인 예술가에게만 허락한다는 발표를 하게 되고 아무나 이 색을 사용할 수 없다고 못 박았다. 이는 바로 예술계와 과학계의 반발을 불러오게 된다. 과거 보라색의 사례와의 차이점이라면 결국 반타블랙을 넘어서는 리뎀션 오브 베니티(Redemption of Vanity)를 MIT에서 개발하면서 특정 색을 독점하려는 시도는 현대에서는 통하지 않았다는 점이다. 리뎀션 오브 베니티는 99.995%라는 반타블랙보다 더 뛰어난 빛 흡수율을 자랑하며 현존하는 가장 완벽한 검은색이라는 타이틀을 가지고 있다.

  이처럼 색은 우리의 역사와 문화 심지어 정서와 신념에도 깊숙이 연결되어온 중요한 요소 중 하나다. 우리의 감정, 느낌에도 영향을 미치며 더 나아가 예술, 패션에 깊숙이 자리 잡았다. 색을 어떻게 인식하고 사용해 왔는지 긍정과 부정의 의미보다는 색 자체를 다채롭게 바라보고 자연에서부터 인공적으로 만들어지기까지 색을 향한 인간의 탐구 덕분에 인류 문명이 더욱 풍성하게 되었다는 점을 기억하자.

쉬어가기 팬톤

1963년에 미국에서 시작한 팬톤은 색을 조금이라도 다뤄본 사람이라면 누구나 알 정도로 색채와 그래픽 디자인 분야에서 널리 사용되는 색채 시스템이자 기업을 의미한다. 영어가 국제 통용어라고 한다면 팬톤은 컬러의 국제 통용어이자 세계적인 표준 색채 언어가 되었다.

팬톤(Pantone)

더욱이 팬톤에서는 해마다 올해의 컬러를 선정하는데 이는 내년의 많은 산업에도 영향을 미치고 특히 패션 디자인의 콘셉트와 분위기를 결정하며 유행을 선도하기도 한다.

그럼, 사람들은 어떻게 표준화된 컬러를 사용할 수 있을까? 바로 팬톤 매칭 시스템(PMS)을 이용하는 것이다. 기계적인 시스템이 아닌 분류 시스템이라고 이해하면 쉬운데, 팬톤이라고 통칭해서 부르는 것이 보편적이다. 팬톤이 분류한 모든 색에는 색상마다 고유한 숫자 코드를 가지고 있는데 예를 들어, PMS 185C는 밝은 빨간색을 나타내고, PMS 286C는 깊은 블루 컬러를 나타낸다. 팬톤은 지구상에 존재하는 모든 색을 정확하게 정의하고 표준화시켰고 이런 표준화 시스템 덕분에 서울이든, 뉴욕이든, 파리든 전 세계의 모두가 같은 컬러를 공유할 수 있어 컬러의 일관성을 유지할 수 있게 되었다.

색의 마법 - 배색

우리 주변을 둘러보면 모든 사물이 원색으로만 이루어져 있지는 않다는 걸 알 수 있다. 색은 끊임없이 서로 섞이고 조합되어 사용되고 있고 같은 원색 계열이라고 해도 채도나 명도에 따라서 우리에게 다른 감정과 느낌을 전달해 주기도 한다. 이번 파트에서는 색의 배색에 대해 살펴보고 우리의 일상생활에 어떻게 활용되고 있는지 알아보자.

피에트 몬드리안의 작품인 〈빨강, 파랑과 노랑의 구성 II〉는 빨강, 파랑, 노랑이라는 원색과 하얀색, 검은색의 무채색을 적절한 균형과 배치를 통해 조형적 감각을 느낄 수 있도록 표현한 작품으로 평가받고 있다. 이 작품을 보면 배색이 쉽게 느껴질 수 있지만, 색의 적절한 배치와 균형을 찾는 일은 창작의 과정 중에서도 중요한 부분이다. 배색에도 창의성이 요구되기 때문이다. 하지만 걱정하진 말자 21세기 과학기술의 시대에 사는 우리에게는 넘쳐나는 유용한 프로그램들이 많다.

〈빨강, 파랑과 노랑의 구성 II(Composition II in Red, Blue, and Yellow)〉,
피에트 몬드리안, 1930, 캔버스에 유화

1) 배색의 구분

- 주조색 (Base Color / Main Color)

주조색은 전체 컬러 지분에 70% 정도의 가장 큰 면적을 차지하는 바탕색으로 시각적으로 눈에 띄지 않고 조화를 이루는 색을 많이 사용하는데, 최대 두 가지 색상까지도 사용한다. 배경이나 기본 톤으로 사용되기 때문에 중성이고 차분한 색상을 선택하는 게 좋다. 주조색은 아무래도 전체 컬러에 70% 정도를 차지하다 보니 디자인의 전반적인 분위기와 느낌을 결정하므로 색을 선택할 때 가장 신중하게 고려해야 한다.

- 보조색 (Secondary Color)

보조색은 말 그대로 주조색을 보조하는 색상으로 대략 20~30%를 차지한다. 보조색의 핵심은 주조색과의 어우러짐이다. 그렇다 보니 주로 주조색에서 명도나 채도 값만 다른 같은 색상 기반인 단색 계열에서 선택하거나 인접색, 혹은 실패하지 않는 보색을 선택하는 경우가 많다. 보조색은 이렇게 주조색의 조화와 대비를 강조하며 색상을 더욱 풍부하게 보이도록 하는 역할을 하고 깊이감을 주는 역할을 한다.

- 강조색 (Accent Color / Primary Color)

강조색은 주조색과 대조되는 색상을 주로 선택하는데 전체 디자인에서 주요 내용이나 요소를 강조하는 역할을 한다. 보는 사람의 시선을 끌고 디자인에 특별한 개성을 부여해 주조색의 주요 정보나 핵심 메시지를 강조하는 데 사용되며, 디자인의 미적 요소와 조화를 완성하기 때문에 마치 생크림 케이크 위의 체리처럼 화룡점정의 역할을 한다.

2) 배색의 종류

배색은 색상, 명도, 채도에 따라 각기 다른 종류로 나뉘는데 색상에 의한 배색은 근접색(단색), 인접색(유사색), 보색(반대색)으로 크게 3가지 종류로 나뉘고 명도에 의한 배색으로는 고명도, 중명도, 저명도, 명도 차가 큰 배색 이렇게 4가지 종류로 나뉜다. 마지막으로 채도에 의한 배색은 고채도, 저채도, 채도 차가 큰 배색 3가지 종류로 나뉜다. 그중 색상에 의한 배색을 먼저 알아보도록 하자.

- 근접색(단색)

같은 색상이지만 명도와 채도 값만 조정하는 가장 간단하고 쉬운 배색이다. 색상이 통일되기 때문에 안정감을 주고 하나의 색에 집중할 수 있어 주로 복잡한 통계나 수치의 깊이를 디자인으로 표현할 때 자주 활용된다. 근접색의 예로 나오는 밑의 그림을 보면 한눈에 어느 지역이

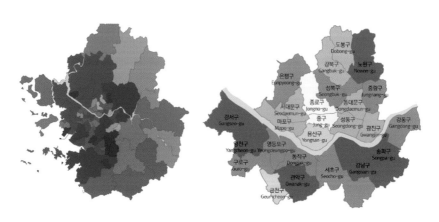

서울연구데이터서비스의 지도로 본 서울 2013 자료

과밀한지 직감적으로 파악할 수 있다.

- 인접색(유사색)

인접색과의 배색은 빨강, 주황, 노랑이나 연두, 초록 혹은 하늘, 파랑처럼 색상환을 기준으로 봤을 때 말 그대로 인접해 있는 색들을 활용한 배색을 말하는데, 이런 조합은 익숙하고 자연스럽게 어우러지기 때문에 온화함이나, 편안함을 느낄 수 있어 대부분 잘 어울린다.

| #042E4A | #036280 | #378BA4 | #81BECE | #E8EDE7 |

| 인접색 | 선택한 색 | 인접색 |

- 보색(반대색)

　보색은 색상환을 기준으로 정반대에 대치하고 있는 색상끼리의 조합을 활용한 배색을 말한다. 보색은 서로 다른 속성의 색상을 매칭시키기 때문에 강조하는 효과를 얻을 수 있어 가시성을 높이고 역동적이고 생생한 느낌을 줄 수 있는 조합이다. 크리스마스의 초록과 빨강이 대표적인 보색과의 배색이다. 하지만 자칫 색에 대한 이해가 부족하면 촌스러움을 유발할 수 있어 신중한 사용이 필요한 배색이기도 하다.

| #2D4628 | #E83100 | #FF6933 | #FFA570 | #FAD074 |

| 선택한 색 | 보색 |

다음은 명도에 의한 배색이다.

- 고명도 배색

앞서 명도에 대해 간단히 이야기했을 때 명도가 높을수록 밝은 색상이고 흰색 물감을 더 많이 섞을수록 고명도에 가까워진다고 언급했었다. 그렇다 보니 고명도 배색은 주로 파스텔톤 색상의 배색이라고 생각하면 이해하기 쉽고, 명도가 높으면 귀엽고 깨끗한 느낌을 준다.

- 중명도 배색

중명도 배색은 중간 밝기로 평범하고 무난해, 자연스럽고 은은한 느낌을 준다.

- 저명도 배색

고명도가 흰색을 섞는다면 저명도는 검정을 섞는다고 생각하면 된다. 저명도 배색은 명도가 낮아 어둡기 때문에 무게감이 있어 중후하고 고상한 느낌을 줄 수 있는 배색이다.

- 명도차가 큰 배색

고명도와 저명도인 색을 조합한 배색으로 명도 차이가 크게 나기 때문에 뚜렷하고 명쾌한 느낌을 준다.

다음은 채도에 의한 배색이다.

- 고채도 배색

고채도는 채도가 높아서 색의 선명도가 가장 뚜렷해 보이는 것이 특징으로 화려하고 강렬한 느낌의 배색을 원할 때 고채도 배색을 한다. 그러나 자칫 잘못하면 산만하고 정신없는 느낌을 줄 수 있어서 색 조합이 중요하다.

- 저채도 배색

전반적으로 부드럽고 차분하며 잘 어우러지는 느낌이지만 채도가 낮아서 어둡고 칙칙한 느낌을 주기도 한다.

- 채도차가 큰 배색

명쾌하고 활기찬 느낌을 주는 채도 차가 큰 배색은 색의 면적을 다르게 배분하는 방법을 사용해 좀 더 입체감 있고 안정감 있는 효과를 주기도 한다.

쉬어가기

국기 속의
비콜로와 트리콜로 배색

배색에 대해 쭉 살펴보면서 문득 색 조합들이 마치 국기들과 비슷하다고 생각해 본 적이 있는가? 그렇다면 배색에 대한 이해를 잘 하고 있다고 생각하면 된다. 실제로 국기의 색은 배색을 활용한 디자인으로 이루어져 있기 때문이다. 국기는 기본적으로 각 나라의 정체성과 역사, 가치를 상징하는 얼굴이나 마찬가지인 중요한 상징물이기 때문에 의미를 함축적이고 강렬하게 드러낼 필요가 있었다. 그래서 대부분의 나라들이 단순하면서도 명료한 배색인 비콜로 배색과 트리콜로 배색을 채택해 국기를 만들었다.

1) 비콜로 배색(Bicolore)

비콜로 배색은 2색을 배색하는 기법으로 접두사 'bi'는 '두 개의'라는 의미로 'colore'와 합치면 두 가지 색이라는 뜻을 가진 아주 간단한 배색이다. 비콜로 배색은 두 가지 색의 배색이기 때문에 메인이 되는 주조색과 강조색을 사용하여 경계가 뚜렷하고 서로 명료하게 대비되는 컬러를 배색한다. 사진에서 스웨덴 국기는 많은 호수와 바다를 의미하는 파란색과 교회, 스웨덴 왕실을 의미하는 노란색을 사용했다. 우크라이나 국기도 스웨덴 국기와 마찬가지로 파란색과 노란색의 배색을 사

스웨덴 국기(좌)와 우크라이나 국기(우)

용했는데 색의 면적이나 배치가 다르다. 파란색은 하늘을 의미하고 노란색은 곡식이 잘 익은 넓은 땅을 의미한다. 세계 최대 곡물 생산지라는 명성과 의미를 잘 반영한 국기인 셈이다.

2) 트리콜로 배색(Tricolore)

비콜로의 'bi'가 두 가지라는 의미라면 트리콜로의 'tri'는 세 가지라는 의미인 걸 눈치챘을 것이다. 트리콜로는 메인인 주조색, 중간색, 강조색 이렇게 세 가지 색상을 조합하여 사용한다. 트리콜로 배색은 비콜로보다 색이 1개가 더 추가되었을 뿐인데도 더 다채로움을 느낄 수 있는 결과물을 보여준다. 대표적인 트리콜로 배색을 사용한 국기는 프랑스 국기와 독일 국기가 있고 그 외에도 여러 나라가 트리콜로 배색을 활용한 국기를 가지고 있다.

프랑스의 국기는 대표적인 삼색기로 다른 나라의 국기에도 영향을

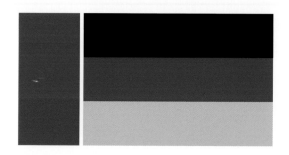

프랑스 국기(좌)와 독일 국기(우)

끼칠 정도로 잘 만들어졌고 세계사적으로 큰 발자취를 남긴 프랑스 혁명의 표상이기도 해 역사와 가치를 함축적이고 간결하게 담은 의미가 큰 국기이다. 왼쪽부터 파란색은 자유와 인권을 하얀색은 자유를 마지막으로 빨간색은 박애를 상징한다. 독일의 국기는 베를린 장벽이 무너진 후 동독과 서독이 통일되면서 채택된 국기인데 이런 역사적 사실을 바탕으로 독일은 민주주의, 자유, 통일이라는 상징을 국기에 담게 된다, 먼저 검은색은 단합과 일체감을 의미해 통일을 상징하고 빨간색은 민주주의와 자유를 의미한다. 마지막으로 노란색은 독일의 번영과 성장, 희망을 의미한다.

이렇듯 국기는 각 나라의 역사와 가치를 간결하면서도 효과적으로 담아낼 수 있는 중요한 상징물의 역할을 하므로 비콜로와 트리콜로 배색을 사용해 의미를 잘 반영하고 있음을 알 수 있다.

쉬어
가기

온라인 색 배합 사이트 활용

색상 휠은 색상을 원형으로 배열한 일종의 디지털 도구라고 생각하면 된다. 오프라인에서 우리가 현실적으로 색 배합을 하는 것은 어렵기에 색상 휠을 적절히 사용해 색 배합에 이용해 보도록 하자.

1) Adobe Color

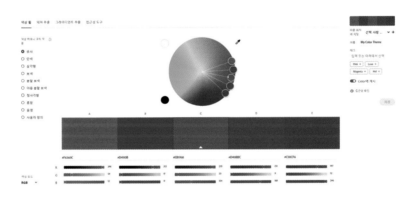

Adobe

어도비사의 Adobe Color에서는 무료로 색상 휠을 이용할 수 있도록 프로그램을 제공해 주고 있는데 유사색, 단색, 삼각형, 보색 등 색상의

규칙을 미리 정해서 색 배합을 구성할 수 있도록 틀을 제공하고 있다.

2) Colorhunt

Colorhunt는 색상 팔레트를 모아놓은 사이트로 다양한 키워드에 맞는 컬러 배합 예시를 참고할 수 있다. 또한 컬러 코드도 확인할 수 있어 유용하게 이용할 수 있는 사이트다.

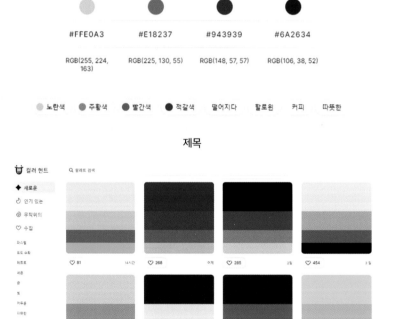

Colorhunt

3) Colorpalettes

Colorpalettes는 사진에서 색을 추출해 어울리는 색 배합을 추천해 주는데 웜 팔레트(Warm Palettes), 쿨 팔레트(Cool Palettes), 파스텔 팔레트 (Pastel Palettes), 대조 팔레트(Contrasting Palettes) 크게 4가지로 분류해 색 배합과 원하는 톤의 팔레트를 확인할 수 있다.

Colorpalettes

색의 효과

기업도 컬러가 중요하다

미국의 컬러 리서치 연구소 연구 결과에 따르면 인간이 상품이나 정보를 받아들일 때 90초 만에 첫인상이 만들어지고 이때 인간이 사용하는 감각 중에서는 시각의 영향이 가장 크다고 밝혔다. 이 짧은 시간 안에 인간의 머릿속에 각인되지 못하면 마케팅에 실패하는 거나 다름없는 셈이다. 그래서 판매가 저조하거나 소비자들에게 인식되지 못하는 기업들은 브랜딩을 통해 자신들의 이미지를 탈바꿈하려고 노력한다.

기업 이미지를 성공적으로 각인시킨 기업 중 하나인 코카콜라는 마케팅 분야에서도 회사의 정체성을 잘 녹여내는 컬러 마케팅을 사용한 사례로 지금도 자주 회자하고 있다. 코카콜라 하면 바로 머릿속에 빨간 로고가 떠오르지 않는가? 코카콜라 외에도 다양한 기업이 빨간색을

사용하는데 빨간색은 정열, 열정, 역동적인 느낌을 주는 색이기 때문에
식욕을 불러일으킬 수 있어 식품 기업에서 많이 사용하는 컬러다. 맥도
날드, 켈로그, 버거킹, 피자헛, KFC 모두 빨간색이 주조색이다. 기업의
이미지가 이렇게 소비자에게 확실히 각인 될 수 있었던 비결은 정체성
을 녹일 수 있는 색에 있다는 점을 꼭 명심하자.

코카콜라, 버거킹, 피자헛, 켈로그 로고

영화에서 사용되는 톤
(웨스 앤더슨 감독의 영화)

색의 마법사라고도 불리는 앤더슨 감독은 영화의 프레임을 마치 캔버스처럼 활용하여 그림을 그리는 것처럼 미장센을 만들어 낸다. 〈그랜드 부다페스트 호텔〉은 그런 면에서 볼 때 앤더슨 감독의 미학적 정수를 모두 담아낸 영화다. 파스텔 색조와 생동감 넘치는 비비드한 컬러에 어딘가 빈티지한 느낌의 색감 덕분에 현실적인 느낌보다는 마치 꿈이나 동화 속에 있는 것 같은 분위기를 만들어 낸다.

웨스 앤더슨 감독 스타일의 색감

Personal color

영화를 보면 알겠지만 이야기 전개 자체도 현실과는 사뭇 동떨어진, 마치 어른 버전의 동화 같은 서사를 가지고 있는데 만약 이러한 이야기 전개에서 영화 전체의 색감이 전혀 다른 톤이었다면 이야기를 관객들에게 설득하는 데 실패했을지도 모른다. 인간이 정보를 습득할 때 시각 정보에 크게 의존한다고 앞서 이야기했듯 이렇게 완벽한 색채를 바탕으로 구성된 미장센은 관객들이 이야기를 더 잘 이해하고 받아들이는 데 큰 역할을 한다. 그런데 단순히 시각적으로 예뻐 보이기만 해서 앤더슨 감독의 영화가 미적으로 완벽하다고 하는 것은 아니다. 그는 이야기에도 색을 입히는데, 예를 들면 화려하고 붉은색은 열정과 로맨스를, 부드러운 파스텔 톤은 안정과 평화를 표현하기 위해 사용하고 캐릭터

웨스 앤더슨 감독 스타일의 색감

들의 감정 변화에 따라서도 색을 변화시켜 미학적 완성도를 한 차원 더 끌어올린다. 그 정도로 지금의 앤더슨 스타일의 영화는 미학적으로, 시각적으로 아름답고 조화롭다. 그리고 그 지분의 9할은 색이 가지고 있다고 해도 과언이 아니다. 사진들을 보면 앤더슨 영화들의 미장센이 얼마나 조화롭고 완벽한 컬러 팔레트와 배색들로 이루어져 있는지 알 수 있다.

PART
03

퍼스널
컬러를
나에게
물들이다

퍼스널 컬러 진단

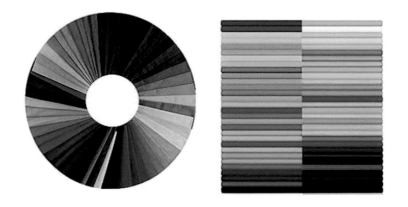

컬러 시트

퍼스널 컬러 진단을 드레이핑이라고 하는데 일정한 환경을 유지하는 것이 가장 중요하다. 화장하고 드레이핑을 하면 본연의 타고난 컬러를 알 수 없으므로 민얼굴은 필수다. 최상은 쇄골까지 보일 수 있게 수건을 두르는 것인데 여건이 안 된다면 흰색 티셔츠를 입어도 괜찮다. 머리도 묶는 것이 좋고 특히 타고난 머리가 아닌 염색한 경우라면 머리를 묶고 흰색 천으로 머리카락을 가리는 것은 필수다.

드레이핑

기본 세팅이 되면 자연광이 들어오는 창문에서 1m 정도 떨어진 장소에서 테스트를 시작하면 된다. 단, 한낮에 테스트해야 한다. 해가 지는 늦은 오후에는 노을이 지기 때문에 이 시간에 드레이핑을 한다면 모두가 웜톤이라는 결과가 나올 수 있으니 되도록 낮에 테스트를 진행해야 한다.

준비가 모두 완료됐다면 컬러 시트를 턱 바로 밑에 올리면서 사진을 찍으면 된다. 단, 카메라가 피사체가 움직이면 설정값을 자동으로 조정하기 때문에 화이트 잠금 설정을 한 후 드레이핑을 진행해야 설정값이 동일한 상태의 결과물들을 얻어낼 수 있다.

촬영이 모두 완료되면 찍은 결과물들을 하나씩 정리해야 하는데 촬영한 사진들이 나에게 맞는지 체크하는 기준은 다음과 같다. 다만 혼자서 진행하는 퍼스널 컬러 진단에는 어느 정도 주관적인 평가라는 한계가 있어서 전문적인 드레이핑을 최소 두 번 정도 받아보면 자신이 어느 카테고리에 속하는지 확실하게 알 수 있으니 전문가의 도움을 받아보는 것도 좋다.

✓ 체크포인트

1. 얼굴이 밝아 보이는가?
2. 피부가 부드럽고 윤기 있어 보이는가?
3. 다크서클, 기미, 주름이 눈에 띄지 않는가?
4. 얼굴이 처지지 않고 단단해 보이는가?
5. 눈동자가 빛나 보이는가?
6. 전체적으로 조화로워 보이는가?

퍼스널 컬러 자가 진단 테스트

앞서와 같은 진단 테스트가 어렵다면 평소의 모습으로 간단하게 테스트해볼 수 있다. 이 퍼스널 컬러 자가 진단 테스트는 당신의 피부톤, 어울리는 머리카락 색상, 주얼리, 스타일 선호 등 다양한 요소를 고려하여 봄, 여름, 가을, 겨울 네 가지 계절 중 어느 계절의 컬러가 가장 잘 어울리는지 파악할 수 있도록 도와줄 수 있다.

각 문항에 대해 자신의 상황에 맞는 답변을 선택하고 점수를 기록하자. 합산 후 가장 높은 점수를 기록한 계절이 당신의 퍼스널 컬러이다.

- 테스트 문항 (항목을 선택할 때마다 1점)

질문	A	B	C	D
피부톤	따뜻한 아이보리, 피치	차가운 핑크, 피치	따뜻한 황토색, 올리브	차가운 핑크, 청색
햇볕 노출 후 피부 변화	노랗게 변하고 쉽게 타는 편	붉게 변하고 쉽게 타는 편	빨갛게 타거나 붉은색이 두드러지며, 쉽게 타는 편	쉽게 타지 않거나 붉게 변하는 경우가 드문 편
머리카락 색상	밝은 금발, 밝은 갈색, 딥 오렌지	차가운 브라운, 블랙, 애쉬	따뜻한 브라운, 코퍼, 레드브라운	검정, 진한 갈색, 차가운 블루블랙
주얼리	금색	실버	브론즈, 황동	실버 또는 화이트 골드
안경 프레임 색상	밝은 색상, 금속 프레임	실버, 퍼플	다크 브라운, 금속 또는 브라운	검은색, 차가운 색상
립스틱 색상	밝은 코랄, 피치, 라이트 핑크	차가운 핑크, 베이비 핑크, 부드러운 레드	딥 오렌지, 브라운 레드, 테라코타	진한 레드, 블루톤 핑크, 버건디
스타일	밝고 경쾌한 스타일	부드럽고 지적인 스타일	고급스럽고 내추럴한 스타일	세련되고 시크한 스타일

옷 색상	연한 핑크, 크림, 민트	차가운 블루, 연한 회색, 파스텔톤	다크 브라운, 오렌지, 골드, 카키	검정, 다크 블루, 진한 회색, 에메랄드그린
렌즈 색상	베이지, 브라운, 연한 골드	회색, 차가운 블루, 실버	다크 브라운, 그린	어두운 블루, 블랙, 차가운 그레이

- 결과

A - 봄 B - 여름 C - 가을 D - 겨울

- 추가 팁

이 테스트는 참고용으로, 더 자세하고 확실한 퍼스널 컬러 분석을 위해서는 전문가의 상담을 받는 것을 권합니다.

퍼스널 컬러 파헤치기(1)
- 웜톤 vs 쿨톤

퍼스널 컬러는 크게 2가지로 나뉜다. 옐로우 컬러를 기반으로 따뜻한 느낌이 나는 웜톤, 블루 컬러 기반으로 차가운 느낌이 나는 쿨톤이 있다. 그리고 이후에 더 자세하게 알아보겠지만, 웜톤과 쿨톤을 기반으로 봄, 여름, 가을, 겨울 이렇게 사계절로 한 층 더 나뉘게 되고 거기서 더 세분화하여 총 12가지 컬러로 퍼스널 컬러를 분류하게 된다.

스타일을 정의하는 데 있어 퍼스널 컬러는 매우 중요한 역할을 한다. 퍼스널 컬러란 단순히 내가 좋아하는 색깔이 아닌 개인의 피부톤과의 조화를 이루는 색을 찾아주어 전체적인 이미지와 매력을 한층 더해줄 수 있게 하기 때문이다. 첫 번째 단계는 바로 내가 웜톤인지 쿨톤인지를 구별하는 데에서부터 시작한다. 웜톤은 말 그대로 따뜻한 옐로우 베이스의 색조를 말한다. 반면 쿨톤은 차가운 블루 베이스의 색조를 말

한다. 여기에서 베이스란 피부톤을 보통 말하는데 웜톤과 쿨톤을 구별할 때 피부뿐만 아니라 머리카락과 눈동자 색 그리고 같은 피부 안에서도 어느 부위인지에 따라 조금씩 달라지므로 세세하게 살펴볼 필요가 있다. 그러나 너무 어렵게 생각하지 말고 크게 따뜻한 느낌인지 차가운 느낌인지를 먼저 느끼고 분류해보면 된다.

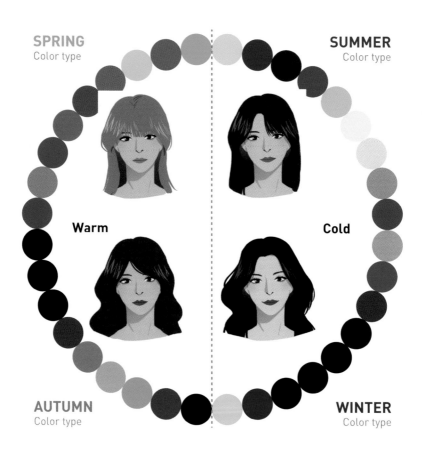

사계절 컬러와 웜톤 & 쿨톤으로의 분류

1) 웜톤

웜톤은 따뜻하고 황금빛이 도는 색상이다. 피부 색상은 황금색, 베이지 또는 옐로우 언더톤(피부 아래에 반사되는 온기가 느껴지는 톤)을 가지고 머리카락은 금발, 주황색, 갈색 등 따뜻한 톤의 색상이 어울리고 화사해 보인다. 웜톤인 사람들은 주로 따뜻한 컬러 팔레트, 예를 들면 옐로우, 오렌지, 브라운과 어울리며 골드 액세서리를 착용했을 때 제일 자연스럽다.

2) 쿨톤

쿨톤은 차가운, 파란빛이 도는 색상이다. 피부 색상은 로즈톤, 블루 언더톤(피부 아래에 반사되는 차가운 톤)을 가지고 머리카락은 검은색, 진한 갈색, 회색 등 차가운 톤이 잘 맞고 어울린다. 쿨톤의 사람들은 주로 차가운 컬러 팔레트, 예를 들면 블루, 그린, 퍼플과 어울리며 실버 액세서리를 착용했을 때 제일 자연스럽다.

우리가 퍼스널 컬러를 분석할 때 가장 핵심이 되는 피부톤은 다음의 표처럼 분류해 볼 수 있다. 우선 웜톤 기반으로 핑크와 옐로우로 나눠볼 수 있고 쿨톤 기반으로 핑크와 옐로우로 나눠볼 수 있다. 단순히 웜톤 쿨톤 두 부류로 나누는 것보단 옐로우톤, 핑크톤을 y축으로 추가해 피부톤

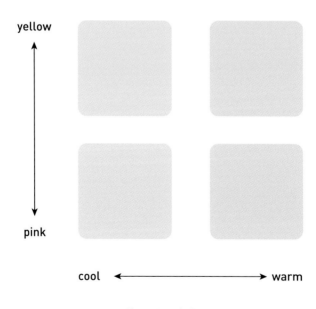

웜톤 & 쿨톤의 피부톤

Personal color

의 스펙트럼을 넓혀야 조금 더 정확한 퍼스널 컬러를 찾을 수 있다.

또 우리 몸은 부분별로 피부톤이 조금은 다를 수 있다는 점도 간과해서는 안 된다. 따라서 파운데이션을 선택할 때 손등이나 손목의 피부 차이가 나는지, 혹은 자신이 파운데이션 제품 테스트를 하는 피부가 얼굴 피부와 톤이 똑같은지 확인해야 한다. 혹시 홍조가 있는 사람이라면 턱에 테스트해보는 것이 자신에게 맞는 파운데이션을 찾는 데 도움이 될 수 있다.

파운데이션을 발랐는데 약간 피부가 녹색인 것 같다면 좀 더 핑크빛을 내는 파운데이션으로 테스트를 해보는 것이 좋고 너무 누렇다 싶으면 보라색 계열의 파운데이션을 섞거나 바르면 된다. 자신의 피부톤을 찾는 것도 중요하지만 민얼굴로 생활하는 것이 아닌 이상 내 얼굴에 착 붙는 파운데이션을 찾아야 달걀귀신이 되는 일을 피할 수 있다.

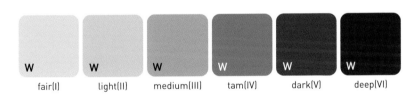

| W | W | W | W | W | W |
| fair(I) | light(II) | medium(III) | tam(IV) | dark(V) | deep(VI) |

웜톤 피부톤

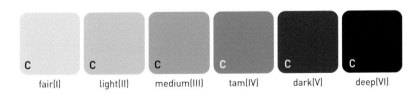

| C | C | C | C | C | C |
| fair(I) | light(II) | medium(III) | tam(IV) | dark(V) | deep(VI) |

쿨톤 피부톤

피부처럼 눈도 노란빛, 푸른빛의 눈동자로 나뉜다. 웜톤인 눈동자는 녹색, 갈색, 밝은 갈색, 황토색 등 노란빛, 주황빛 계열의 색을 가진다. 따라서 스타일링을 할 때 안경테나 귀걸이 같은 액세서리를 금색으로 사용하면 눈매가 더욱 두드러진다. 쿨톤인 눈동자는 완전 블랙이거나 푸른빛에 맑은 느낌이 난다. 마찬가지로 쿨톤 눈동자를 가졌다면 안경테가 은색이거나 실버 아이템을 사용해야 눈빛이 살아난다.

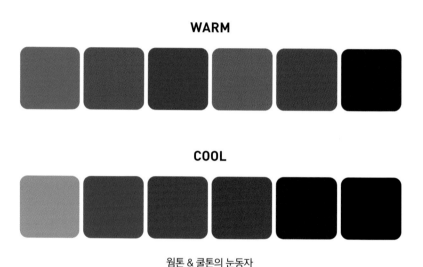

웜톤 & 쿨톤의 눈동자

퍼스널 컬러 파헤치기(2) - 사계절 컬러

앞 장에서 다양한 명도와 채도를 가진 사람의 피부를 웜톤과 쿨톤이라는 큰 두 개의 분류로 나누어 보았다면 이제 조금 더 세분화를 해보는 단계를 거쳐보자. 총 4개의 단계로 나누어 볼 수 있는데, 옐로우 기반의 웜톤은 밝고 따뜻한 느낌의 봄과 우아하고 포근한 느낌의 가을로 나누어 볼 수 있다. 또한 푸른빛의 쿨톤도 상쾌하고 싱그러운 느낌의 여름과 신비롭고 고요한 느낌의 겨울로 나누어 볼 수 있다. 전체적인 느낌을 봄, 여름, 가을, 겨울에 비유하는 것은 계절이 가진 느낌과 퍼스널 컬러가 비슷한 맥락을 가져 이해를 돕기 위함이다. 따라서 퍼스널 컬러를 계절이 가진 느낌을 기반으로 이해한다면 외우는 것이 아니라 감각적으로 쉽게 이해할 수 있게 된다. 이제 이 4가지의 톤에 대해 조금 더 알아보자.

1) 봄 [키워드: 밝음, 활기찬, 부드러움, 온화함, 귀여움]

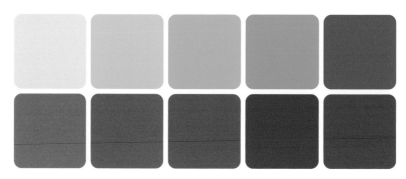

봄은 새로운 시작과 활력이 넘치는 계절로 밝고 따뜻한 톤을 주로 가지고 있다. 자연이 깨어나는 시기로 베이지와 화이트, 주황과 옐로우같이 봄의 따뜻한 햇볕과 새로운 에너지를 나타나는 색들이 활기차고 발랄한 이미지를 만들고 밝은 톤, 혹은 파스텔톤의 초록은 새로운 생명력과 식물의 성장을 상징해 봄 팔레트에 감초 같은 역할을 한다. 핑크와 코랄컬러는 봄의 꽃과 잔디를 연상시키며 귀여운 느낌이 날 수 있게 한다.

이처럼 봄 컬러 팔레트는 따뜻하고 활기차며 귀여운 이미지를 담고 있어 그대로 옷, 메이크업, 인테리어 등 다양한 분야에 활용하여 봄의 활력과 아름다움을 자신의 일상에 녹여보도록 하자.

2) 여름 [키워드 : 밝음, 시원함, 상쾌함, 바다, 싱그러움]

여름은 상쾌하고 시원한 조화를 이루는 색상의 계절로, 맑은 하늘과 아름다운 바다의 계절인 여름 컬러 팔레트에는 부드럽고 차분한 느낌과 시원하고 청명한 컬러를 가지고 있다. 로즈와 피치 컬러는 여름의 부드러운 일몰과 꽃들을 연상시키며 여성스러움과 우아함을 나타내고 라일락과 민트 컬러는 여름의 신선한 꽃과 식물들을 상징하며 부드러운 조화를 표현한다. 라벤더와 아쿠아 컬러는 여름의 휴식과 평온함을 나타낸다. 이러한 컬러는 여름의 휴가 분위기와도 어울린다.

이처럼 상쾌하고 시원한 여름 컬러를 옷, 메이크업, 인테리어 등 다양한 분야에 적용해 여름의 매력을 일상에 녹여내 보자.

3) 가을 [키워드 : 어두움, 따스함, 우아한, 풍요로운, 황금빛]

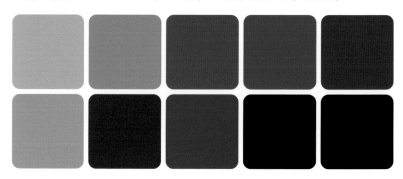

가을은 우아하고 포근한 느낌을 전달하는 색상의 계절로, 가을의 컬러 팔레트는 황금빛 햇빛과 낙엽처럼 따뜻하고 부드러우며 아늑한 컬러가 주를 이룬다. 갈색과 오렌지 컬러는 호불호 없는 따뜻한 느낌을 주고 버건디와 브론즈 컬러는 가을의 우아함과 신비로움을 나타낸다. 이러한 컬러는 가을의 저녁 햇빛과 어울린다. 올리브그린과 살구 컬러는 가을의 신선한 과일과 식물들을 연상시키며, 곡식과 열매가 익는 가을을 상징하는 컬러에 최적이다.

이처럼 가을 컬러 팔레트는 우아하고 아늑하며, 자연의 변화와 아름다움을 자연스럽게 반영한다. 이러한 컬러를 활용하여 가을의 포근함과 우아함을 자신의 일상에 녹여내 보자.

4) 겨울 [키워드 : 어두운, 세련됨, 날카로운, 고급스러운, 고요함]

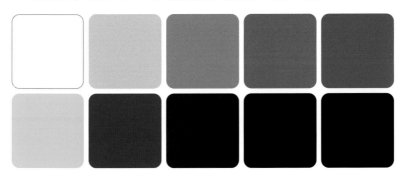

겨울, 차가운 계절이지만 그만큼 아름다운 색상이 가득한 시기다. 그 래서 겨울의 컬러 팔레트는 신비로움과 고요함을 동시에 담고 있다. 겨 울은 밤하늘과 같이 깊고 진한 블랙이 어울리고 이는 고요함과 세련됨 을 상징한다. 겨울 하늘과 눈의 색깔은 아이스 블루와 스노우 화이트로 나타내 차가운 겨울의 신선한 느낌을 준다. 또 겨울의 정숙함과 고요한 분위기를 반영하는 심플한 그레이와 은색 컬러가 있어 실버 액세서리 가 어울린다.

겨울이라 해서 마냥 푸른, 하얀 느낌만 어울리는 것은 아니다. 겨울 에도 벽난로, 화로의 이미지 같은 연말의 따뜻한 느낌과 사랑과 열정을 상징하는 컬러인 레드와 딥 버건디를 사용할 수 있다.

이처럼 겨울의 컬러 팔레트들은 고요하면서도 세련되며, 차가우면서 도 몽환적인 색들로 이루어져 있어 겨울의 아름다움과 조용한 분위기 를 완벽하게 전달한다. 겨울 컬러 팔레트를 통해 이 시기의 특별한 아 름다움을 즐기고 나타내보자.

04 Personal color

퍼스널 컬러 파헤치기(3) - 12가지 계절 컬러

4계절 컬러에서 좀 더 세분된 12가지 컬러는 큰 틀에서 4계절 컬러로 먼저 나눈 다음 거기서 세부적으로 나누긴 하지만 같은 계절이어도 명도나 채도가 차이가 나거나 다른 계절인데도 생각보다 인접한 컬러일 수 있다. 색은 물의 성질과도 비슷해서 칼로 자르듯 젤 수 없는 게 컬러의 세계인만큼 각 12가지 계절 컬러가 어떻게 유기적으로 맞물려 있는지 아래의 포지셔닝 된 사진을 참고하면서 12가지 계절 컬러에 대해 알아보자.

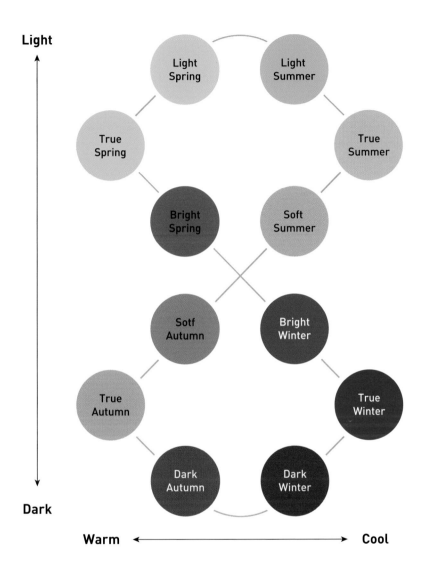

Light

Light
Spring

Light
Summer

True
Spring

True
Summer

Bright
Spring

Soft
Summer

Sotf
Autumn

Bright
Winter

True
Autumn

True
Winter

Dark
Autumn

Dark
Winter

Dark

Warm ←————————————→ **Cool**

12가지 컬러의 포지셔닝

1) 봄 (Spring) 계절 분류

계절별 색상 팔레트 중 봄은 봄 브라이트, 봄 트루, 봄 라이트 이렇게 세 가지의 하위 범주로 구분된다. 웜톤 계열인 만큼 노란색 계열의 따뜻한 느낌이 주를 이루는 계절인데 봄 트루가 가장 따뜻한 톤이다. 봄 라이트와 봄 브라이트는 색상 포지셔닝에서도 볼 수 있듯이 각각 여름 라이트, 겨울 브라이트와 인접해 있어 상대적으로 봄 트루 보다는 따뜻함이 덜한 편이다.

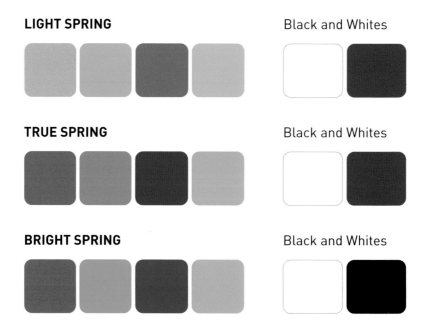

LIGHT SPRING　　　　　　　　　Black and Whites

TRUE SPRING　　　　　　　　　Black and Whites

BRIGHT SPRING　　　　　　　　Black and Whites

봄 브라이트톤

봄 브라이트 팔레트

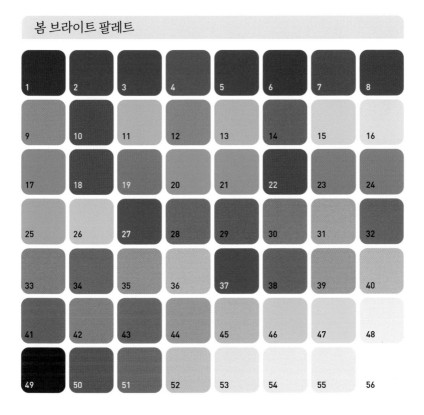

12가지 톤 포지셔닝 이미지를 보면 봄 브라이트 톤은 봄 트루에서 겨울 트루로 가는 일종의 경로이기도 해서 상대적으로 콘트라스트가 강한 겨울 쿨톤 라인과 배색할 수 있는 컬러톤이다. 봄 브라이트는 아주 높은 채도로 밝고 맑은 느낌이 있고 전체적인 명도는 중명도에 해당하며 중성적인 따뜻함을 가져 노란색 베이스에 파스텔톤이 잘 어울리는

톤이다. 자신이 웜톤이라고 생각했는데 생각보다 채도가 있는 시원한 느낌의 핑크나 블루가 어울린다면 봄 브라이트일 확률이 높다.

봄 브라이트의 색상 조합과 배색 추천

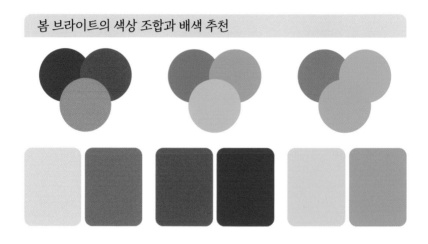

크림, 아이보리색을 베이스로 여러 봄 브라이트 팔레트에 있는 컬러들을 섞어보자. 어떤 컬러를 배합해도 기본적으로 크림색, 아이보리색과 섞이면 편안한 느낌을 낼 수 있다. 봄 브라이트톤은 앞서 말했듯 겨울 쿨톤 컬러들과도 잘 어울려 쨍한 레드 컬러 같은 맑은 느낌의 겨울 쿨톤 컬러들과 배색해도 좋다.

봄 브라이트와 맞지 않는 컬러

아이시 블루, 라벤더, 쿨 그레이와 같은 차가운 색상은 따뜻하고 생동감 넘치는 특성을 죽이는 효과가 있어 피하는 것이 좋다. 또 더스티 블루나 로즈, 올리브그린 같은 차분한 색상은 얼굴을 칙칙하게 만들어 피부의 광채를 죽일 수 있다. 크로우 블랙, 다크 네이비, 딥 버건디 같은 컬러는 너무 무거운 느낌을 날 수 있게 한다. 따라서 봄 브라이트는 차분하고 차가운 색상은 피해야 한다. 봄 브라이트는 기본적으로 웜톤에 밝고 따뜻한 느낌이 들기 때문에 위와 같은 색상들을 잘못 사용했다간 얼굴이 누렇게 보일 수 있고 낯빛이 어두워질 수 있다.

BRIGHT SPRING
WORST COLORS

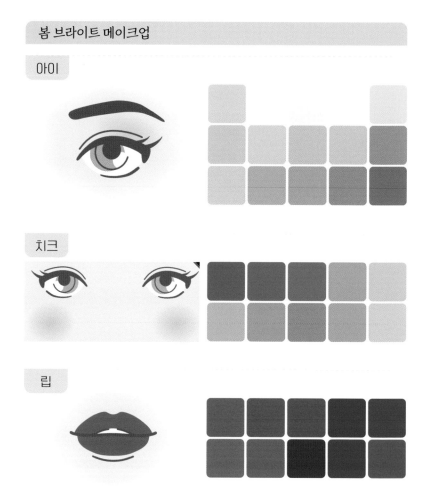

봄 브라이트 헤어 컬러

봄 브라이트라면 염색을 할 때 따뜻한 황금색이나 빨간색, 혹은 다크 진저나 라이트 토피 같은 계열의 컬러를 선택하는 것이 좋다. 반면 애쉬 블론드같이 시원하고 차가운 느낌이 드는 컬러는 피하는 것이 좋다.

봄 브라이트 스타일링

봄 브라이트 팔레트는 밝고 선명한 컬러가 특징이므로, 선명하고 생동감 넘치는 컬러를 선택하는 것이 포인트다. 그리고 봄 브라이트는 봄의 팔레트를 공유하지만 봄 트루와 비교하면 비교적 더 시원하고 밝은 느낌이 있어 실버 액세서리가 의외로 잘 어울리는 경우가 있다. 이 때는 연두, 초록, 파랑 계열의 컬러인 의상과 스타일링 하면 좋다.

봄 트루

봄 트루 팔레트

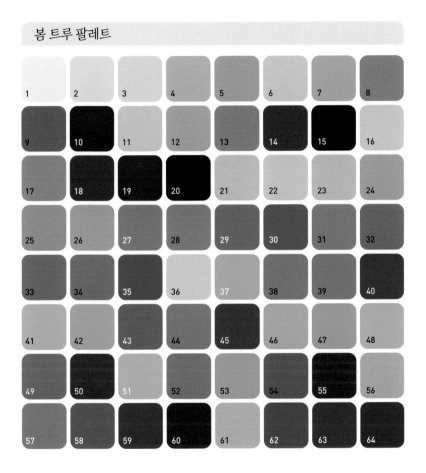

 12가지 컬러의 포지셔닝 이미지를 보면 봄 트루는 봄 그 자체라고 봐
도 무방한 컬러로 명도가 높은 컬러에 포지셔닝해 있는 봄 라이트, 여
름 라이트, 봄 브라이트, 겨울 브라이트에 영향을 주는 컬러 톤이다. 봄

트루는 가장 웜톤인 색상과 높은 채도로 밝고 맑은 느낌을 들게 하고 전체적인 명도 또한 중상에 위치한다. 색상 팔레트의 범위는 대체로 넓지만 진정한 봄 컬러답게 노란색 톤의 농도가 다른 봄 톤에 비해 높아 가벼운 느낌도 든다. 봄 라이트와 봄 브라이트에 비해 전체적으로 색상이 밝고 더 따뜻하면서 부드러운 느낌을 가지고 봄 라이트에 비하면 약간 어두운 색상 팔레트를 가지고 있다. 뮤트한 느낌은 탁해서 어울리지 않고 너무 쨍하고 쿨한 컬러와는 배색하지 않는 것이 좋다.

봄 트루의 색상 조합과 배색 추천

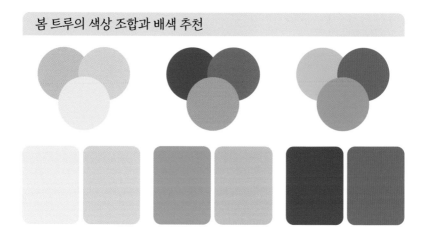

봄 트루는 기본적으로 봄의 중심이 되는 팔레트기 때문에 여름이랑 겨울에도 영향을 미칠 수 있다. 따뜻하고 채도가 높은 노란색 베이스의 녹색, 주황색, 빨간색 그리고 베이지, 크림색이 서로 어울린다. 봄 트루가 밝은 컬러인 건 맞지만 흰색보단 크림색이 더 나은 선택이 될 수 있다. 화이트와 마찬가지로 블랙도 지양해야 하는 컬러다. 검은색을 좋아하는 경우, 잉크 블루, 섀도 브라운, 초콜릿 브라운 같은 컬러들을 참고해서 스타일링을 구성하는 것이 좋다. 혹은 얼굴과 멀리 떨어진 바지나 신발 같은 액세서리의 컬러에 한정해서 블랙 컬러를 사용할 수도 있지만 블랙과 어울리게 배색되는 봄 트루 컬러 팔레트를 찾긴 힘들지도 모른다.

봄 트루와 맞지 않는 컬러

봄 트루톤의 색상들은 기본적으로 밝고 따뜻한 느낌이기 때문에 차분하고 쿨한, 톤 다운된 색들과는 어울리지 않는다. 짙고 명도가 낮은 컬러들은 지양하는 것이 좋다.

TRUE SPRING
WORST COLORS

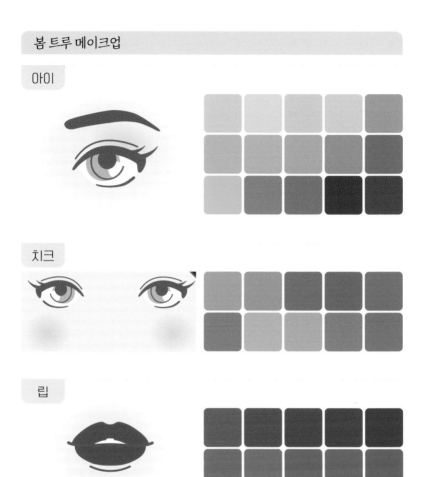

아이

치크

립

봄 트루 헤어 컬러

봄 트루도 봄 브라이트와 마찬가지로 황금색의 따뜻한 톤의 헤어 컬러가 어울린다. 노란색 계열의 미들 골드 브라운, 딸기 블론드, 밀크 브라운 같은 색으로 염색하거나 대체로 브라운 계열의 톤 다운된 컬러가 잘 어울린다. 생기있고 화사함을 표현하고 싶다면 구리색이나 오렌지 브라운 컬러도 좋다. 쿨톤 계열의 컬러들은 오히려 낯빛을 탁하고 답답하게 만들 수 있으니 피하는 것이 좋다.

봄 트루의 사람들은 대체로 따뜻하고 밝은 피부톤을 가지고 있는데, 밝다고 해서 쿨톤은 아니라는 점 기억하자. 다른 봄 계열과 마찬가지로 봄 트루는 생기 넘치는 컬러로 강조하는 것이 포인트다. 옐로우 골드

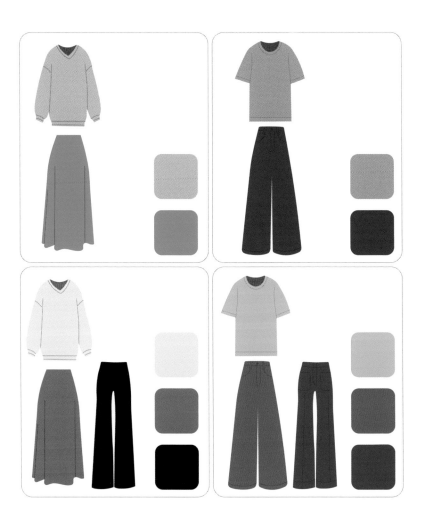

계열의 밝은 톤이나, 로즈골드, 화이트골드의 액세서리로 스타일링하면 좋다. 단, 무광이나 아주 차가운 실버톤의 액세서리는 지양하자.

봄 트루 vs 가을 트루

봄 트루와 가을 트루의 본질적인 차이는 뭘까? 결론부터 말하자면 봄 트루는 밝고 가을 트루는 차분하다. 이후에 가을 부분으로 넘어가면 자세하게 살펴볼 테지만 가을 트루는 봄 트루에 비해 채도, 명도가 둘 다 다운되고 좀 더 깊은 느낌의 컬러를 가진다. 봄 트루를 대표하는 컬러가 주로 노랑, 주황, 라이트 그린, 코랄 핑크 등이라면 가을 트루를 대표하는 컬러는 버건디, 올리브그린, 브라운 등이 있다. 이처럼 같은 웜톤 계열이지만 색상, 채도, 명도에 따라 각각의 팔레트마다 고유한 분위기와 특성이 다르다는 걸 알 수 있다.

봄 라이트

봄 라이트 팔레트

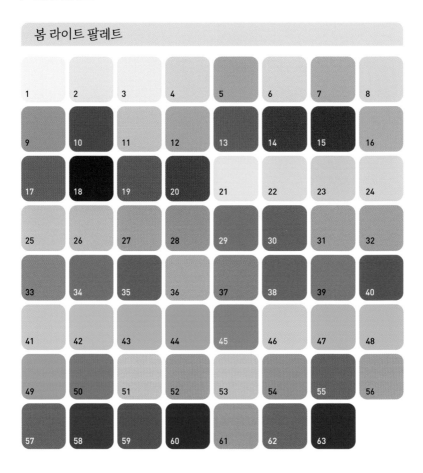

봄 계열의 마지막인 봄 라이트는 여름 라이트와 이웃한 팔레트로 화창한 봄의 느낌과 여름의 깔끔하고 시원한 느낌을 공유할 수 있는 톤이다. 그래서 피부톤이 맑고 깨끗한 편이다. 그리고 여름 라이트와 마찬가지로 12가지 계절 컬러에서 가장 명도가 높은 포지셔닝을 취하고 있어 어두운 컬러들도 기본적으로 약간씩 밝은 게 특징이고 전반적으로 파스텔톤의 느낌이 난다. 다만 회색빛의 탁한 파스텔톤보다 하얀색이 섞인 맑고 부드러운 파스텔톤이 잘 어울린다. 봄 트루가 노란색에 강한 영향을 받았다면, 봄 라이트는 노랑 외에도 약간의 파란색의 영향을 받기도 한다. 다만 높은 명도에 비해 채도는 그렇게 높진 않아서 전반적으로 부드러운 느낌을 준다.

봄 라이트의 색상 조합과 배색 추천

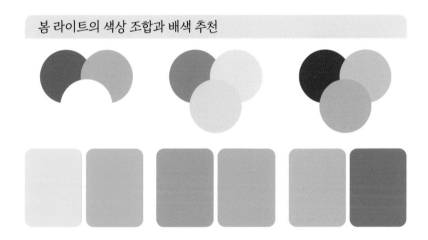

봄 라이트는 나머지 두 개의 봄 계절의 컬러에 비해 콘트라스트가 가장 낮고 차분하다. 그래서 봄 라이트는 비슷한 속성들끼리의 조합이 잘 어울리는 편인데 노란색, 녹색과 같이 서로 인접한 색도 좋지만 색상환에서 반대되는 보색, 혹은 명암의 차이가 나는 색 조합도 괜찮다. 또한 중간 정도의 밝은색과 밝은 명도의 색을 조합하면 어우러질 수 있으면서도 밝은 명도의 색을 더 돋보이게 할 수 있어 괜찮은 조합을 만들 수 있다. 다만 이렇게 콘트라스트가 낮아 다른 봄 계절 컬러에 비해 상대적으로 차분한 느낌이 나다 보니 봄 라이트도 활기 있고 생생한 팔레트 톤이라는 걸 잃어버리면 안 된다. 봄 라이트도 마찬가지로 검은색은 피해야 하고 대신 중성적인 컬러를 이용해 배색에 활용하면 부드럽게 어우러진다.

봄 라이트와 맞지 않는 컬러

봄 라이트 팔레트 속 색들은 따뜻하고 가벼운 느낌이 나기 때문에 이와 정반대인 명도가 낮은 어두운 색상들은 멀리해야 한다. 한편으로는 따뜻하지만 어두운 톤 또한 피해야 하는데 이런 컬러와 함께하면 봄 라이트 컬러가 눈에서 보이지 않게 되기 때문이다.

LIGHT SPRING
WORST COLORS

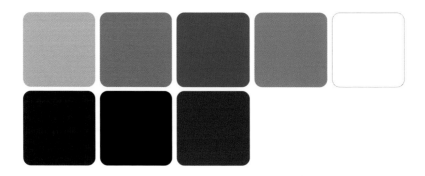

봄 라이트 메이크업

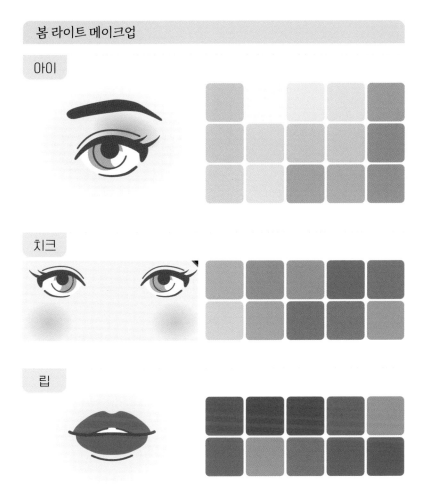

아이

치크

립

봄 라이트 헤어 컬러

 다른 봄 컬러들에 비해 역시나 봄 라이트는 밝은 황금색이나 밝은 구리색, 밝은 황금 갈색같이 명도가 높은 컬러를 선택하는 것이 얼굴을 더 화사하게 만들 수 있다. 이와 반대되는 성질인 쿨하지만 밝은 애쉬 블론드나, 검은색은 피하는 게 좋고 채도가 낮은 다크 브라운도 얼굴을 답답하게 만들 수 있으므로 피해야 한다.

봄 라이트의 피부에는 밝은 금색 외에도 실버나 로즈골드 색상의 액세서리를 모두 착용할 수 있다. 평상복 같은 경우엔 베이지나 크림 화이트, 연한 갈색 같은 중립 컬러를 베이스로 그 위에 은은한 파스텔 컬러의 의상들을 매칭하면 세련되면서도 밝고 생동감 있는 느낌을 줄 수 있다.

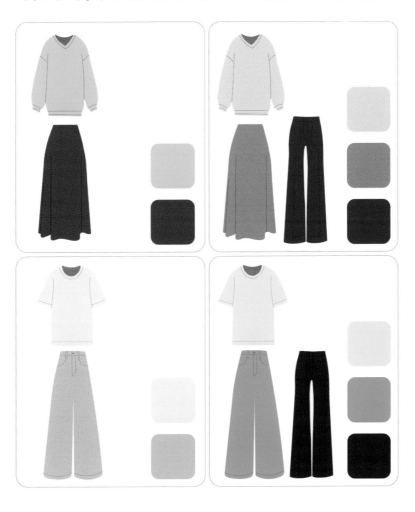

2) 여름[summer] 계절 분류

계절별 색상 팔레트 중 두 번째인 여름은 여름 뮤트(소프트), 여름 트루, 여름 라이트 이렇게 세 가지의 하위 범주로 구분된다. 쿨톤 계열인 만큼 파란색 계열의 차가운 느낌이 주를 이루는 계절인데 여름 트루가 가장 차갑고 시원한 톤이다. 여름 라이트와 여름 뮤트는 색상 포지셔닝에서도 볼 수 있듯이 각각 봄 라이트, 가을 뮤트와 인접해 있어 상대적으로 여름 트루보다는 차가운 느낌이 덜하다. 그리고 쿨톤이라고 하지만 100% 흰색, 검은색은 겨울 계절에 어울리고 여름에는 회색빛이 도는 그레이 계열의 무채색이 어울린다.

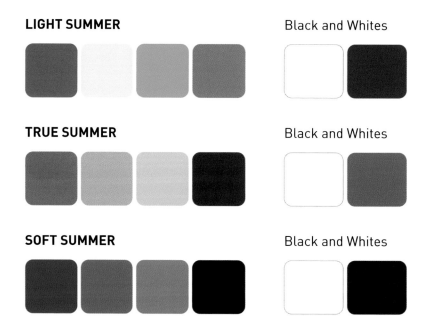

LIGHT SUMMER Black and Whites

TRUE SUMMER Black and Whites

SOFT SUMMER Black and Whites

여름 뮤트

여름 뮤트 팔레트

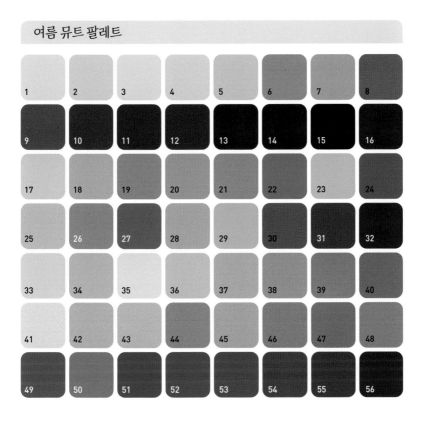

　　여름 트루에서 가을 뮤트로 가는 길목의 중간에 있는 여름 뮤트는 여름 컬러 중에서 채도와 콘트라스트가 가장 약하다. 그래서인지 약간 물 빠진 느낌이 들고 팔레트 전반적으로 잿빛 느낌이 난다. 하지만 그러면서 동시에 시원한 느낌을 기본으로 차분하고 부드럽다. 전반적으로 톤 다운된 파스텔 느낌이 나는 팔레트를 이루는 게 여름 뮤트의 특징이다.

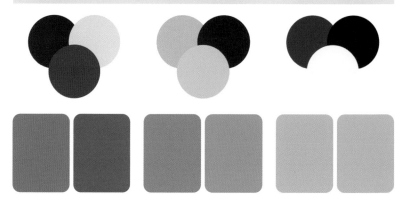

　여름 뮤트를 자연에 비유한다면 '안개나 구름이 낀 해가 질 무렵 오후' 같은 느낌이다. 부드럽고 차분하기 때문에 겸손하고 절제되면서도 동시에 진한 인상을 줄 수 있는 여름 뮤트는 색상들이 부드럽다 보니 팔레트에 있는 모든 색상을 서로 갖다 붙여봐도 모두 잘 어울린다. 여름 뮤트는 콘트라스트가 낮아 경계가 흐리기 때문에 색끼리도 자연스럽게 어우러진다. 주로 밝은 녹색과 어두운 녹색처럼 같은 색상에 명도만 다르거나 연보라와 연한 파랑같이 인접한 색을 배색으로 사용하면 도움이 된다. 하지만 색상환에서 완전히 반대되는 보색은 사용하지 않는 것이 좋다.

여름 뮤트와 맞지 않는 컬러

　쿨톤에 채도가 낮은 여름 뮤트는 밝고 따뜻한 컬러와는 상극이다. 쿨톤이라고는 하지만 여름 컬러 중에 가장 명도가 낮으므로 흰색과 검은색은 물론이고 쨍한 핑크나 레드, 블루 등 강렬한 색들과 함께 사용하면 부드러운 느낌이 드는 여름 뮤트와 잘 어우러지지 못해 부자연스러운 느낌을 준다. 간혹 여름 뮤트와 가을 뮤트를 헷갈리는 경우가 있는데 여름 뮤트가 시원하고 부드러운 느낌이라면 가을 뮤트는 따뜻하면서 부드러운 느낌이라고 생각하면 이해하기 쉽다.

MUTE SUMMER
WORST COLORS

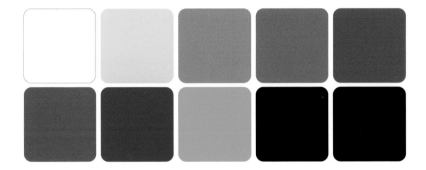

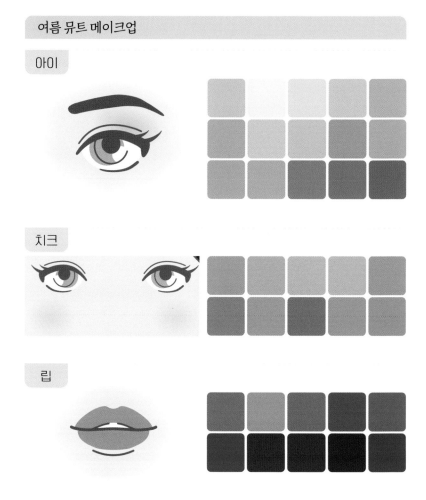

여름 뮤트 헤어 컬러

여름 뮤트에 어울리는 헤어 컬러는 약간 따뜻한 톤도 섞일 수 있지만, 전체적으로 가볍고 시원한 잿빛 톤을 가진 컬러가 잘 어울린다. 애쉬 블론드나 미디엄 애쉬 블론드 혹은 미디엄 브라운 같은 색상이 여름 뮤트에 잘 어울린다. 반면 가볍지만 따뜻하거나 밝은 느낌의 색들은 약간 언밸런스하고 촌스러운 이미지를 가지게 하니 피하는 것이 좋다.

여름 뮤트 스타일링

여름 뮤트는 차분하고 가벼운 느낌이기 때문에 밝거나 따뜻한 색상은 피해야 하는데 이런 차분한 여름 뮤트 컬러의 옷들을 돋보이게 하려면 스웨이드나 실크, 벨벳처럼 색감뿐만 아니라 질감으로도 스타일리

쉬하게 표현할 수 있는 의상들을 입어주는 게 좋다. 여름 뮤트의 색상 팔레트들은 선반적으로 부드럽지만 톤이 다운되어 있어서 자칫 칙칙한 거 아니냐고 할 수 있지만, 오히려 이런 부분이 여름 뮤트만의 강점이라고 생각해야 한다. 팔레트 안에서의 색상 조합이 무궁무진하므로 선택의 폭이나 응용 가능성이 다른 컬러 팔레트에 비해 높은 게 여름 뮤트의 장점이다. 그레이 브라운, 그레이 그린, 아몬드, 다크 라바, 그레이 블루색을 바탕으로 연한 파랑, 연한 녹색처럼 포인트를 줄 수 있는 색상 조합으로 스타일링을 해도 좋다. 여름 뮤트는 가볍고 시원해서 실버, 로즈골드 같은 시원한 메탈이 잘 어울리고 전반적으로 부드러운 색을 가진 주얼리를 사용하는 것이 좋다.

여름 트루

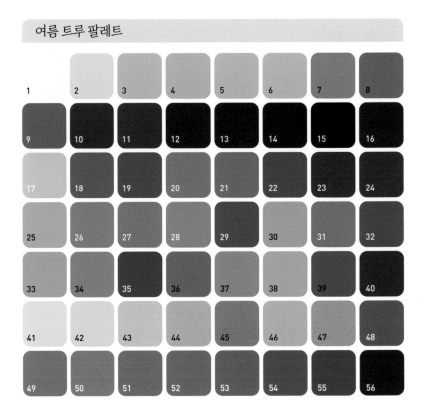

3가지 여름 컬러 중 가장 시원한 느낌을 들게 하는 여름 트루는 여름 뮤트보다도 더 시원하고 밝은 컬러다. 12가지 컬러의 포지셔닝에서도 볼 수 있듯 여름 트루는 여름 라이트에서 여름 뮤트로 가는 중간 지점이기 때문에 라이트와 뮤트가 가진 특성을 공유하는 그리고 동시에 영향을 주는 컬러로 이해하면 쉽다. 여름 트루는 화사하기보단 시원한 느낌에 포인트를 두는 것이 맞고 노란색의 영향은 거의 받지 않는 파란색 베이스를 기반으로 한 컬러 팔레트로 이루어져 있다.

여름 트루의 색상 조합과 배색 추천

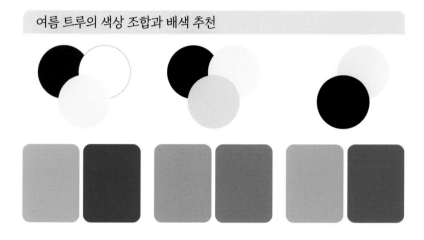

여름 트루도 비교적 같은 팔레트 내에 있는 색상들이 다 잘 어우러지기 때문에 컬러를 매칭하는 데 큰 어려움은 없다. 부드럽고 자연스러운 느낌은 여름 뮤트와 같아서 약간의 포인트를 주고 싶다면 명도가 크게 어둡지 않은 선에서 밝은색과 어두운색의 조합도 가능한 편이다. 색상값이 비슷한 인접색 조합도 괜찮고 무채색과 단색의 조합도 괜찮은데 노랑과 보라, 주황과 파랑, 빨강과 초록같이 반대되는 보색은 나를 돋보이게 하기보다는 옷만 보이게 하므로 지양하는 것이 좋다.

여름 트루와 맞지 않는 컬러

여름 트루는 시원하고 부드러운 느낌을 지닌 색이기 때문에 채도가 높은 따듯하고 밝은 색상들과는 어울리지 않는다. 그리고 블랙을 포함한 무거운 느낌의 어두운 계열의 색들도 여름 트루와 맞지 않는다. 겨울 트루가 시원하고 밝은 느낌으로 콘트라스트가 높고 선명하다면 여름 트루는 전반적으로 회색빛이 섞인 느낌이라 콘트라스트가 약해 부드러운 느낌이 난다는 차이가 있다.

TRUE SUMMER
WORST COLORS

여름 트루 메이크업

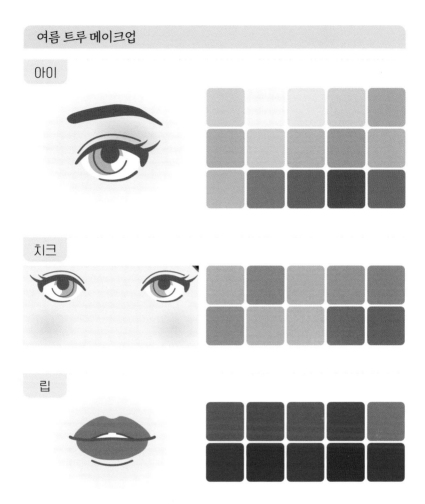

아이

치크

립

여름 트루 헤어 컬러

여름 트루에 어울리는 헤어 컬러의 포인트는 잿빛이다. 애쉬 브라운
이나 쿨 애쉬 블론드같이 회색, 잿빛 계열의 컬러처럼 시원한 느낌이
나는 컬러가 잘 어울린다. 반면 블랙이나 전반적으로 다크한 느낌의 색

들은 무겁고 답답한 느낌이 드니 멀리해야 한다. 따뜻한 느낌의 브라운 계열 컬러들을 얼굴을 붕 뜨게 만드니 다크한 컬러와 마찬가지로 피하는 것이 좋다.

여름 트루 스타일링

여름 트루로 스타일링을 할 때 포인트를 줄 수 있는 컬러는 어두운 색상이다. 쉽게 말하면 검은색을 대체할 만한 진한 파랑이나 진한 회색 같은 컬러를 이용해 스타일링을 하면 된다. 진청색은 한 벌 이상이 필

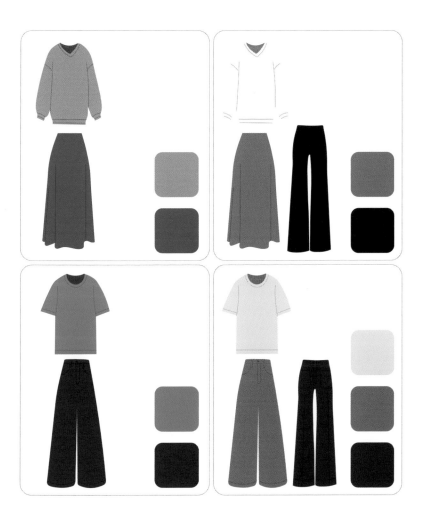

수다. 너무 흰색이나 밝은 색상의 와이셔츠보단 회색 계열의 와이셔츠를 입는 것이 좋고 네이비도 좋은 선택이 될 수 있다. 대체로 중성적인 느낌을 바탕으로 색을 조합하면 여름 트루만의 시원한 느낌을 낼 수 있다. 포인트를 주기 위한 액세서리에는 노란 골드보다는 실버나 화이트 골드 같은 시원한 느낌의 주얼리 조합이 잘 어울린다. 특히 회색빛 진주나 사파이어, 아콰마린 같은 원석들이 잘 어울린다.

여름 라이트

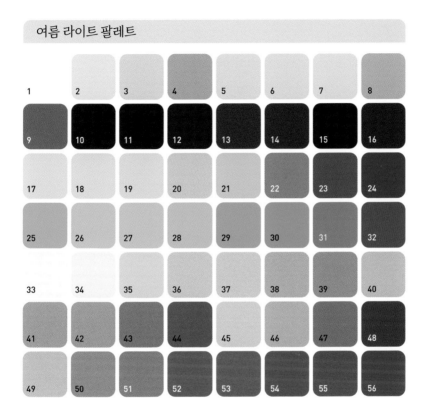

여름 라이트 컬러는 봄 라이트와 여름 트루에 인접해 있어 시원하면서도 밝은 봄의 느낌을 동시에 가지는 색이다. 채도는 중간 정도에 있어 약간 그레이한 컬러가 많다. 컬러 포지셔닝에서 볼 수 있듯 여름 라이트는 같은 여름 계열 컬러 중 가장 명도가 밝아 가볍고 시원한 느낌의 청량한 아침 같은 느낌을 준다. 파란색 베이스에 봄 라이트보다 약간 더 어둡지만, 노란색도 조금은 섞여 있어 화이트가 섞인 웜톤 컬러들이나 채도가 낮은 웜톤 컬러와도 의외로 어울릴 수 있다.

여름 라이트의 색상 조합과 배색 추천

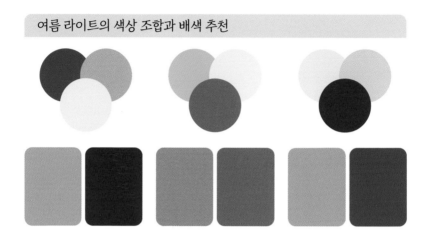

명도가 높아 가볍고 시원한 여름 라이트는 어두운색들과는 어울릴 수 없다. 같은 여름 계열 컬러 중 가장 명도가 밝아서 색에 무게감을 줘야 한다면 중성색을 사용해야 하는데 상아색이나 잿빛이 섞인 애쉬 브라운, 회갈색 등을 활용하는 것이 좋다. 그리고 여름 라이트는 밝기 때문에 색조 대비가 있는 배색을 사용하면 섬세하면서도 시원한 느낌을 줄 수 있어 잘 어울리는 조합을 만들 수 있다.

여름 라이트와 맞지 않는 컬러

여름 라이트는 같은 여름 계열 컬러 중 가장 검은색과 안 어울린다. 여름 트루와 마찬가지로 검은색과 흰색은 피해야 하고 오렌지나 노랑처럼 쨍하고 매우 따뜻한 컬러와도 어울리지 않는다. 짙은 녹색이나 어두운 갈색 같은 색상은 낯빛을 어둡게 만들어 자칫 나이가 들어 보일 수 있다.

LIGHT SUMMER
WORST COLORS

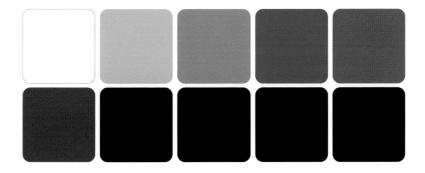

여름 라이트 메이크업

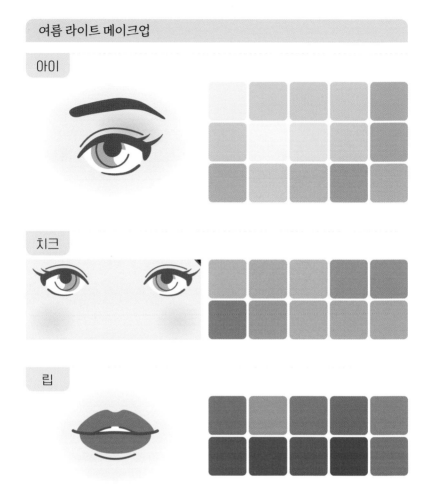

아이

치크

립

여름 라이트 헤어 컬러

여름 라이트에 어울리는 헤어 컬러는 봄 라이트의 따뜻함을 싹 뺀 느낌이라고 생각하면 쉬운데 전반적으로 가벼운 느낌은 같지만, 잿빛의 애쉬 블론드나 애쉬 브라운 같은 컬러가 잘 어울린다. 딸기 블론드나 토피 브라운 같은 따뜻한 색은 얼굴을 답답하게 만들기 때문에 피하는 것이 좋다.

여름 라이트 스타일링

여름 라이트는 연한 파랑이나 연한 분홍, 혹은 보라색으로 좀 더 돋보일 수 있는 스타일링을 할 수 있고 검은색이나 갈색보단 밝은 회색이나 상아색을 베이스로 하는 아이템들을 옷장에 채워 넣는 게 바람직하

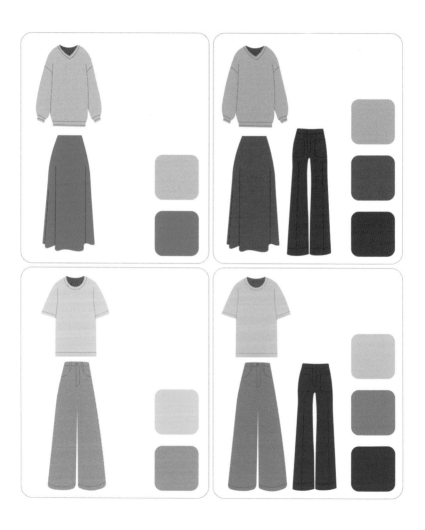

다. 바지나 치마가 밝은 회색이나 중성적인 톤이라면 여름 라이트 팔레트 안에 있는 어떤 색을 매칭해도 다 잘 어울린다. 그리고 연청색의 청바지는 필수 패션 아이템으로 옷장에 한 벌 이상 정도는 있어야 진정한 여름 라이트라고 할 수 있다. 쿨톤이기 때문에 역시 다른 여름 컬러와 마찬가지로 골드보다는 실버 액세서리가 잘 어울린다. 여름 라이트의 스타일링 목표는 우아하지만 수려한 느낌이라고 생각하면 된다.

3) 가을[autumn] 계절 분류

계절별 색상 팔레트 중 세 번째인 가을은 가을 뮤트(소프트), 가을 트루, 가을 라이트 이렇게 세 가지의 하위 범주로 구분된다. 웜톤 계열인 만큼 노란색 계열의 따뜻한 느낌이 주를 이루는 계절인데, 가을에 속하는 컬러 팔레트들은 전반적으로 봄보다 더 진하고 깊이감 있는 색감을 가지고 있어 무게감이 느껴지는 컬러로 이루어져 있다. 3가지 가을 팔레트 중에서는 가을 트루가 가장 따뜻하고 포근한 톤이라고 생각하면 된다. 웜톤 계열이긴 하지만 전체적으로 명도가 낮고 차분하기 때문에 가을 딥 팔레트 같은 경우 검은색을 사용해도 어울리는 편이다.

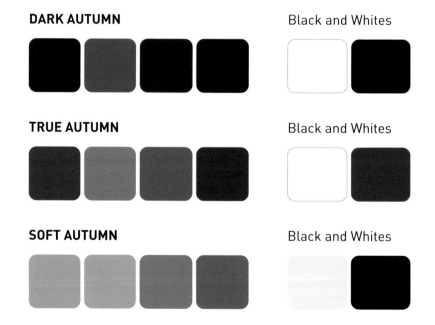

DARK AUTUMN   Black and Whites

TRUE AUTUMN   Black and Whites

SOFT AUTUMN   Black and Whites

가을 뮤트

여름 뮤트와 가을 트루 사이에 있는 가을 뮤트는 따뜻하고 차분한 느낌을 가지고 있다. 여름 뮤트가 파란색을 베이스로 했다면 가을 뮤트는 그 반대로 노란색 베이스의 채도가 낮은 색상들로 이루어져 있는데 약한 대비로 부드러운 느낌을 주고 잿빛이 섞여 은은한 느낌이 강하다. 고풍스러운 빈티지한 느낌을 생각하면 쉽다. 가을 뮤트는 여름 뮤트와 가을 트루 사이에 있다 보니 약간 시원하고 밝으면서도 부드러운 느낌을 들게 하여 가을의 시작을 알리는 색이라고 보면 된다. 부드러운 만큼 콘트라스트가 약해 가을 뮤트 팔레트 안의 색상들 모두 서로 잘 어울리는 편이다.

가을 뮤트의 색상 조합과 배색 추천

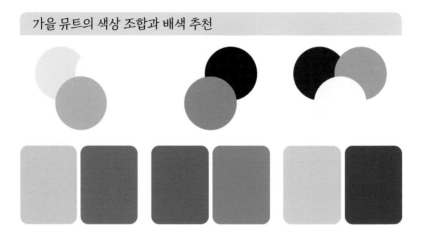

가을 뮤트의 팔레트는 보다시피 서로 조화로운 색들로 이루어져 있다. 가을 뮤트에서 가장 좋은 색상 조합은 뭐니 뭐니 해도 서로 보완하는 특성을 가진 컬러 조합인데, 주로 단색 조합을 활용하면 된다. 밝은 핑크와 어두운 핑크, 밝은 녹색과 어두운 녹색처럼 같은 색이지만 톤이 다른 컬러들을 이용해 자연스럽고 부드러운 느낌의 컬러 조합을 사용해 보자.

좀 더 색상을 강조하고 싶다면 핑크나 주황, 초록과 파랑처럼 색상휠에서 인접한 위치에 있고 같은 색상 값을 가진 인접색 간의 조합을 사용해도 괜찮다. 단, 가을 뮤트는 보색끼리의 조합은 어울리지 않으니 사용하지 않는 것을 추천한다.

가을 뮤트와 맞지 않는 컬러

가을 뮤트가 피해야 할 컬러는 한 번에 느낌이 오지 않는가? 그렇다. 가을 뮤트와 어울리지 않는 색상은 우리가 촌스럽다고 생각할 수도 있는 쨍하고 강렬한 색상들이다. 이는 가을 뮤트가 비교적 낮은 채도에 따뜻한 느낌을 들게 해서 높은 채도의 시원한 느낌이 드는 색과는 어울리지 않기 때문이다.

MUTE AUTUMN
WORST COLORS

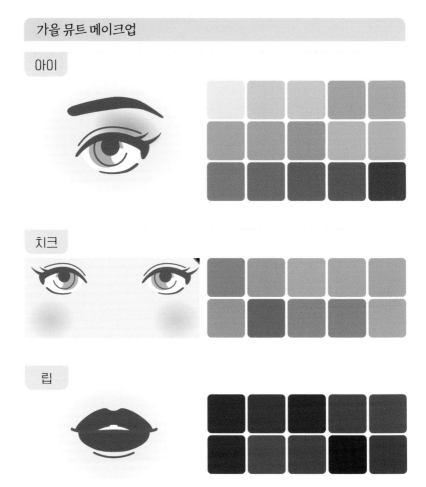

아이

치크

립

가을 뮤트 헤어 컬러

가을 뮤트의 헤어 포인트는 자연스러움과 포근함이다. 은은하고 차분하면서도 햇살이 머리에 내려앉으면 황금빛이 도는 아름다움을 연출할 수 있는 스트로베리, 골드 블론드나 라이트 골드 브라운 혹은 살짝

어두운 미디움 골든 브라운 컬러가 있다. 반면 블랙이나 잿빛 계열의
컬러는 낯빛을 어둡게 할 수 있으니 피하는 것이 좋다.

가을 뮤트 스타일링

가을 팔레트 3가지 중 가을 뮤트가 대비가 가장 낮아서 이런 낮은 대비를 가진 색상 조합으로 옷을 스타일링했을 때 얼굴이 더 살아난다. 부드러운 만큼 100% 블랙은 오히려 독이 되기 때문에 이를 대체할 수

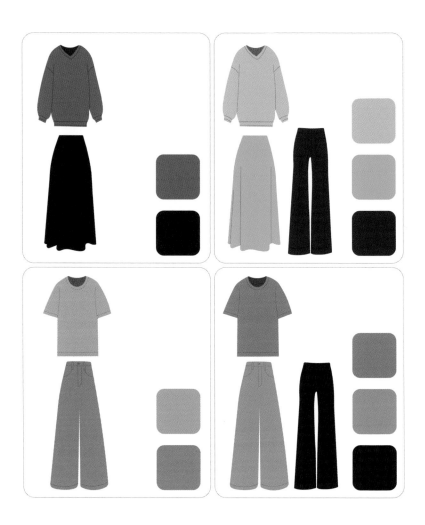

있는 짙은 브라운 그린 혹은 잿빛 계열의 컬러를 활용하면 된다. 마찬가지로 100% 흰색도 맞지 않기 때문에 크림색이나 상아색 같은 따뜻한 무채색 계열의 컬러를 선택하면 좋다. 액세서리 같은 경우는 매트한 무광택 재질이 가장 적절하지만, 금색 계열의 액세서리라면 어느 정도 적절하게 매칭이 가능하다. 또 가을 뮤트는 중성적인 매력을 가진 컬러 팔레트로 이루어져 있으므로 실버 계열도 어울려 액세서리 선택의 폭이 넓은 장점이 있다.

가을 트루

가을 트루 팔레트

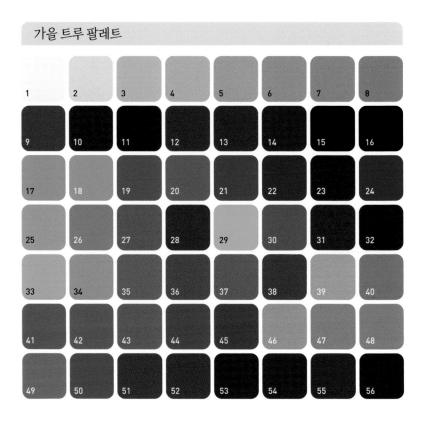

황금빛이 가득한 가을 트루는 가을 계열 컬러 중에서 가장 따뜻한 색들로 구성되어 있는데 올리브, 머스타드, 구릿빛 등 가을의 풍부함을 담은 컬러로 이루어져 있다. 가을 딥과 가을 뮤트의 중심에 있어서 이들의 특성을 어느 정도 공유하기도 해서 가을 트루도 약간 뮤트한 느낌이 난다. 가을 트루는 명도나 채도는 중간 정도이지만 색온도가 가장 따뜻한데 달리 말하면 파란색 베이스가 전혀 섞여 있지 않다는 것을 의미한다. 그래서 청록색같이 노란색과 초록색이 섞인 파란 계열 색상들이 있지만, 그마저도 많지 않다. 가을 트루 팔레트에서 어두운 컬러는 대부분 짙은 녹색이나 갈색, 노란색들이 대부분이다.

가을 트루의 색상 조합과 배색 추천

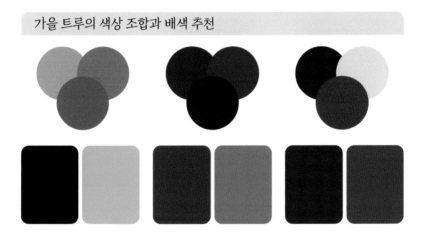

가을 트루는 서로 보완하는 성격을 가진 색들을 조합하는 것이 좋다. 가을 트루 자체가 중성적이기 때문에 대비 높고 낮은 컬러가 섞여 있어도 괜찮기 때문에 조합의 경우의 수는 많다. 너무 튀지 않고 싶다면 대비감을 낮추고 같은 색상이나 명도가 비슷한 색을 조합하는 것이 좋다. 반면 진정한 가을 트루의 색감을 뽐내고 싶다면 중간 정도의 핑크와 오렌지색처럼 인접하는 색들을 조합하거나 다크 뉴트럴에 밝은 강조색을 조합하면 레트로한 매력을 담을 수 있다. 단, 역시나 가을 트루도 보색은 피해야 한다.

가을 트루와 맞지 않는 컬러

따뜻함의 끝, 차분한 황금빛 물결의 향연인 가을 트루는 시원하고 밝은 색상들과는 상극이다. 물론 화려하거나 채도 높은 컬러도 간혹 사용할 수 있지만, 잿빛의 물 빠진 듯한 파스텔톤이나 쨍한 쿨톤 계열 컬러와는 가을 뮤트와 마찬가지로 촌스러운 느낌을 낼 수 있어 사용하지 않는 것이 좋다. 검은색을 대신할 만한 어두운 톤의 색을 찾는다면 진한 갈색이나 네이비 블루, 딥 버건디 컬러를 사용하자.

TRUE AUTUMN
WORST COLORS

가을 트루 메이크업

아이

치크

립

가을 트루 헤어 컬러

가을 트루에 어울리는 헤어 컬러는 다크 초콜릿, 헤이즐넛 어번트, 미디움 골드 브라운, 다크 골드 브라운, 딥 골드 브라운 등 전반적으로

따뜻한 컬러가 잘 어울린다. 검은색과 애쉬 블론드 같은 차가운 색상은
가을 트루의 따뜻함을 상쇄시키거나 답답해 보일 수 있어서 피하는 것
이 좋다.

가을 트루 스타일링

가을 트루는 카멜색 같은 베이스 컬러를 기반으로 뉴트럴한 스톤 그레이나 세들 브라운을 조합하거나 아예 러스티한 구릿빛 컬러 기반에 테라코타나 샤프론 같은 색을 포인트로 주는 방식으로 스타일링을 하

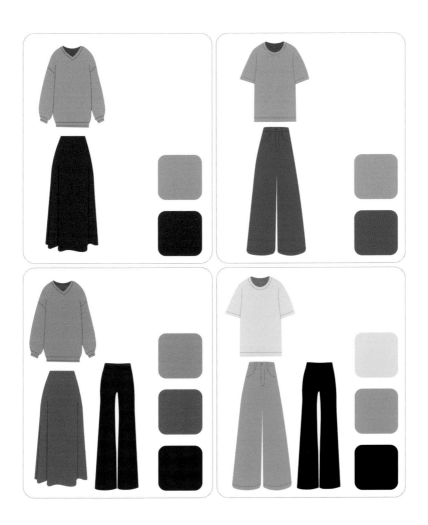

면 좋다. 진청색에 베이직한 상아색 의상을 매칭해도 좋고 오히려 진한 갈색 상의를 매칭하는 것도 방법이다. 살짝 뮤트한 카키 블레이저나 베이지 바바리코트는 가을 트루가 아니더라도 가을 팔레트를 공유한다면 필수로 갖춰야 할 아우터로 다양한 컬러의 이너웨어와 잘 어울릴 뿐만 아니라 스타일 전체적으로 차분하고 고급스러운 이미지를 연출할 수 있다. 액세서리 같은 경우에는 가을 트루는 구리나 금, 황동 같은 따뜻한 느낌이 드는 재질을 고르는 게 좋고 실버 계열이나 너무 밝고 가벼운 금색도 피하는 게 좋다. 주얼리는 호박이나 터키석, 산호가 잘 어울린다.

가을 딥톤

가을 딥 팔레트

가을 딥은 가을이 끝나갈 무렵에서 겨울로 넘어가기 직전에 단풍이 슬슬 지고 어두워지는 느낌을 색상에 담고 있다. 가을 트루만큼 따뜻하진 않고 매우 어두운 톤을 가지고 있어 색상 팔레트 구성 자체도 색감이 풍성한 느낌보다는 중간 정도 채도에 깊고 어두우며 전체적으로 많이 가라앉아 있고 차분한 느낌을 받을 수 있다. 가을 트루와 겨울 딥 중간에 있어 두 가지 속성을 일정 부분 공유하기 때문에 필요하다면 가을 트루나 겨울 딥 팔레트의 색과 조합할 수도 있다.

가을 딥의 색상 조합과 배색 추천

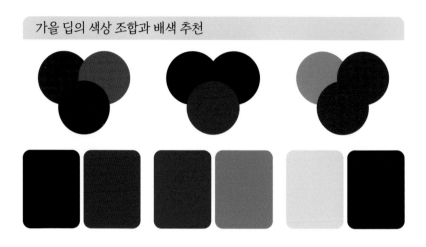

가을 딥의 컬러 조합에서 가장 매력적인 건 대조를 이루는 색 조합들이다. 아이보리와 네이비, 블랙과 민트, 딥 그린과 상아색, 혹은 다크 바닐라와 차콜이 그런 조합들이다. 한가지 유념할 점은 가을 딥에서의 블랙은 겨울 딥의 블랙보다 약간 따뜻하고 부드러운 느낌이 든다는 점이다. 물론 되도록 얼굴에서 멀리 떨어져 있는 신발이나 하의 색상에 사용하는 편이 좋다. 가을 딥에서 활용하면 좋은 또 다른 조합은 어두운 뉴트럴톤과 밝은 강조색 혹은 밝은 뉴트럴톤과 어두운 강조색 같은 조합이다. 심지어 보색을 활용한 조합도 괜찮다. 그 이유는 12가지 계절 컬러 중 겨울 딥과 함께 가장 어두운 색상 팔레트를 구성하고 있어서 전체적으로 모든 색이 톤이 다운되어 있어 오히려 어떤 조합을 해도 조화로울 수 있기 때문이다.

가을 딥 팔레트에 간혹 검정이 있기도 한데, 일정 부분 사용해도 된다. 단, 흰색은 피해야 한다. 흰색을 포함해 네온이나 파스텔톤같이 쿨하고 부드러운 컬러를 사용하면 피부가 노랗게 보일 수 있기 때문이다.

가을 딥과 겨울 딥을 혼동하는 경우가 종종 있다. 이런 혼동되는 색상 팔레트가 있으면 이는 직접 눈으로 색상을 보고 직감적으로 차이점을 느끼는 수밖에 없다. 유념할 점이라면 가을 딥은 따뜻하고 어두운 느낌이라면 겨울 딥은 차가우면서 어두운 느낌이라는 점이다.

DEEP AUTUMN
WORST COLORS

아이

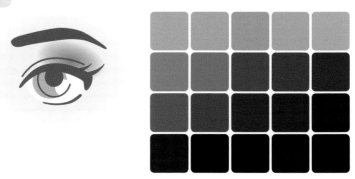

치크

립

가을 딥 헤어 컬러

가을 딥에 어울리는 헤어 컬러는 일반적으로 중간에서 약간 어두운
쪽의 색들이 잘 어울리는데 미들 골드 브라운, 다크 골드 브라운, 다크

어번, 다크 브라운, 웜 브라 블랙 같은 어둡지만 동시에 따뜻한 색조를 가지고 있는 컬러가 잘 어울린다. 너무 어두워서 답답해 보이진 않을까 걱정된다면 브릿지를 추가해서 자연스러운 헤어를 연출하는 방법도

있다. 다만 가을 딥 헤어 컬러는 전반적으로 어둡긴 해도 풍부하고 따뜻한 느낌을 기반으로 햇빛에 비췄을 때 황금색 또는 붉은색의 하이라이트를 나타낼 수 있다. 너무 어두운 블랙이나 애쉬 블론드같이 차가운 계열이나 쿨톤 계열의 밝은 원색은 피부톤과 헤어 컬러를 붕 뜨게 만들기 때문에 피하는 것이 좋다.

가을 딥 스타일링

가을 딥 스타일링의 기본 포인트는 베이스 컬러와 뉴트럴 컬러 조합으로 스타일링을 할 것인지 베이스 컬러에 강조하는 컬러를 매칭할 것인지이다. 예를 들어 다크 초콜릿의 드레스나 스커트를 입는다면 상의는 뉴트럴한 밀크 초콜릿이나 아몬드색의 상의를 매칭한다거나 뉴트럴 컬러로 상·하의를 입고 버건디 핸드백으로 포인트를 주는 것이다. 소재는 트위드나 울 소재를 사용해 따뜻함을 더 극대화할 수 있다. 가을 딥에서 유용하게 사용할 수 있는 컬러로는 버건디, 올리브, 마호가니가 있고 호피 무늬도 잘 어울리기 때문에 이런 패턴을 활용한 디자인도 좋다.

가을 딥은 겨울 딥과도 비슷한 성질을 공유하기 때문에 골드와 실버 계열이 모두 잘 어울린다. 물론 최상은 골드 계열의 액세서리를 착용하는 것이 좋지만, 다크 네이비나 다크 그레이 계열의 옷을 입었을 때 실버 계열의 액세서리를 착용하면 한층 더 잘 어울릴 수 있어서 의상과 적절하게 매칭하면 된다. 다만 광택이 많이 나거나 밝은 색상보다는 빈티지하고 어두운 느낌의 금속 재질과 가을 딥 톤에 어울리는 원석들을 활용한 액세서리를 착용하는 것이 좋다.

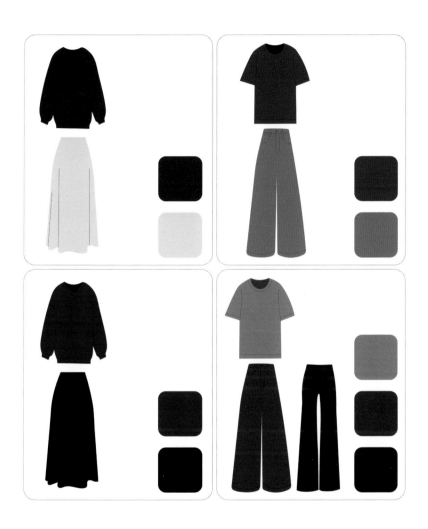

4) 겨울(winter) 계절 분류

겨울은 전반적으로 쿨톤 기반에 시원하고 차가운 느낌을 주며, 저명도에 고채도의 색을 가지기 때문에 날카롭고 강렬한 특징을 가지고 있다. 앞서 100% 검정과 흰색들이 사용되는 계절 팔레트들이 없었는데 이제 드디어 순백과 검정이 잘 어울리는 계절에 도착했다. 노란색 계열보단 파란색 베이스가 주를 이루기 때문에 전반적으로 투명하고 창백한 계절이다. 겨울 팔레트는 겨울 브라이트(클리어), 겨울 트루, 겨울 딥 이렇게 3가지로 나눌 수 있다. 이 3가지 모두 중명도 혹은 저명도에 있어 이 셋 중 가장 밝은 겨울 브라이트라고 해도 봄 브라이트의 밝기보다 낮은 포지션에 있다.

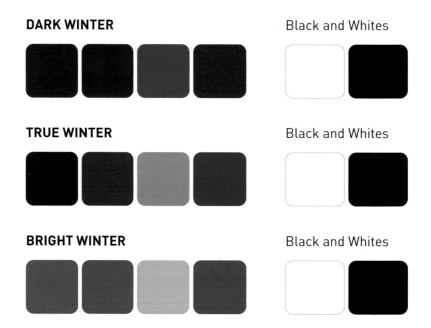

DARK WINTER   Black and Whites

TRUE WINTER   Black and Whites

BRIGHT WINTER   Black and Whites

겨울 브라이트

겨울 브라이트 팔레트

1	2	3	4	5	6	7	8
9	10	11	12	13	14	15	16
17	18	19	20	21	22	23	24
25	26	27	28	29	30	31	32
33	34	35	36	37	38	39	40
41	42	43	44	45	46	47	48
49	50	51	52	53	54	55	56

겨울 브라이트의 팔레트에는 강렬하면서 깨끗한 느낌의 컬러가 많다. 다른 겨울 톤과의 차이라면 겨울 중 가장 고채도로 선명하고 깨끗한 비비드 컬러가 맑고 하얀 겨울 브라이트 피부와 잘 어울린다는 점이다. 하지만 자칫 창백해 보일 수 있기에 메이크업으로 생기를 살려줄 필요가 있다. 봄 브라이트와 인접해 있어서 레몬 옐로, 딥 레드 말고도

블루 베이스의 코랄, 오키드와 같은 밝은 느낌도 잘 소화할 수 있어 겨울 브라이트가 가지는 차가운 이미지를 상쇄시키는 데 도움이 된다. 강렬한 파란색, 푸른 회색, 깊은 퍼플, 브라이트 핑크 등이 주로 사용된다.

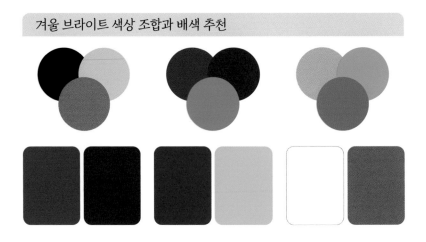

겨울 브라이트 색상 조합과 배색 추천

겨울 브라이트는 색이 시원하고 채도도 높아서 보색, 다크 뉴트럴과 라이트한 강조색 혹은 라이트 뉴트럴과 밝은 강조색처럼 콘트라스트가 강한 색들끼리의 눈에 띄는 색상 조합이 좋다. 겨울 브라이트 팔레트 안의 색들끼리 조합도 나쁘지 않고 특히 검은색과 하얀색의 사용이 자유롭다는 점에서 선택의 폭이 상당히 넓다. 다만, 너무 강렬한 대비는 자칫 촌스러움을 유발할 수 있어 세심한 조합이 필요하다. 예를들면 네온 블루와 사이버 옐로우 같은 조합은 상·하의보다는 모자나 가방, 목도리 같은 액세서리에 활용하거나 혹은 적절한 패턴 안에서 조합을 만든다면 유니크한 감각을 뽐낼 수 있다.

Personal color

　겨울 브라이트는 맑고 시원하므로 오렌지나 브라운, 진노랑같이 깊고 푸근한 느낌의 뮤트하고 웜한 컬러와는 상극이다. 이런 색들은 얼굴을 어둡고, 칙칙하게 만들고 생기 없는 사람처럼 만든다.

BRIGHT WINTER
WORST COLORS

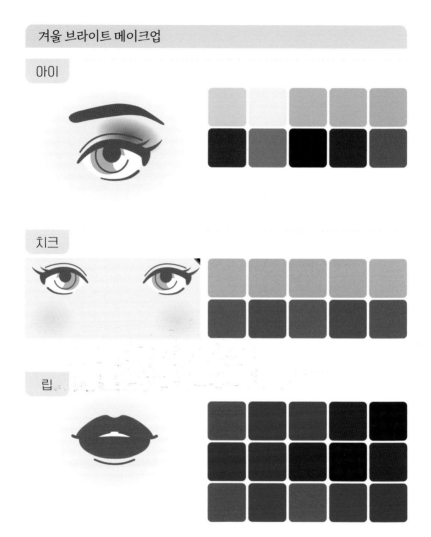

  겨울 브라이트의 헤어에는 미디움 브라운, 다크 브라운, 브라운 블랙, 블랙같이 전반적으로 어두운 컬러가 어울린다. 앞서 설명한 가을

계열의 컬러가 햇빛을 받으면 황금빛이나 빨간색의 하이라이트가 생긴다면, 겨울 계열의 컬러가 햇빛을 받으면 파란색이나 회색빛의 하이라이트가 생긴다. 피해야 하는 컬러는 스트로베리 블론드나 라이트 브라운같이 따뜻한 계열이다.

겨울 브라이트 스타일링

겨울 브라이트 스타일링의 포인트는 무채색 조합, 혹은 강렬한 원색 대비 조합이다. 먼저 겨울 팔레트의 강력한 무기라고도 할 수 있는 블랙을 적극적으로 활용하면 좋다. 올 블랙으로 입어도 좋고 블랙과 화이트 조합으로 세련되면서도 샤프한 느낌을 구사할 수 있다. 여기서 조금 더 패션에 감각을 보이고자 한다면 핫핑크나 아쥬레 블루 같은 컬러로 포인트를 살리는 스타일링을 해도 좋다. 겨울 브라이트는 니트나 직물감이 느껴지는 원단보다는 가죽이나 실크 같은 매끈한 원단의 옷으로 입으면 심플하고 깔끔해 겨울 브라이트가 가진 시원하고 맑은 느낌을 잘 살릴 수 있다.

중성적이고 시원하므로 금속 대부분을 사용할 수 있는데 가장 좋은 금속은 은, 백금, 금 순서로 사용하면 좋다. 아무래도 겨울 브라이트가 노란색이 조금 섞여 있다고는 하지만 쿨톤 계열이기 때문에 금색을 사용한다면 다이아몬드 같은 원석과의 조합을 사용하는 것도 좋은 방법이다. 다이아몬드 외에도 루비, 에메랄드, 핑크 사파이어 같은 원석들을 활용해도 좋다. 단, 겨울 브라이트만의 시원하고 밝은 느낌을 없앨 수 있어서 매트한 무광택 재질이나 빈티지 느낌의 질감은 피하는 게 좋다.

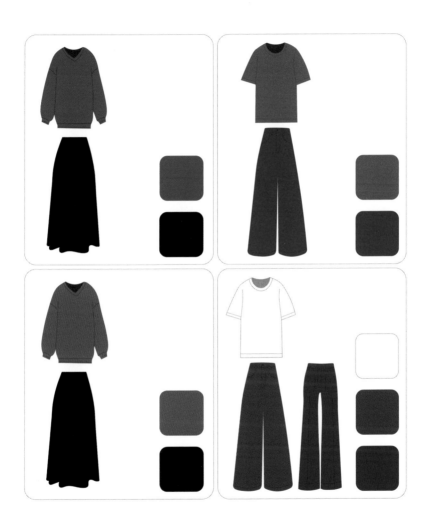

겨울 브라이트와 vs 봄 브라이트

　겨울 브라이트와 봄 브라이트는 인접해 있어서 자칫 헷갈릴 수 있는 데 두 계절 모두 대비가 높고 채도가 높은 색상을 가지고 있어서 그렇다. 이론도 중요하지만 이런 차이를 알기 위해서는 항상 눈으로, 감각적으로 차이를 인식하는 것이 가장 중요하다. 겨울 브라이트는 전체적으로 파랑, 핑크를 베이스로 이루어진 색상 팔레트로 어우러져 있고 봄 브라이트는 전체적으로 노랑, 주황 베이스로 이루어진 색상 팔레트로 이루어져 있다는 차이가 있다. 각각의 팔레트들을 비교해보면 시원하냐 따뜻하냐의 차이를 바로 한눈에 알 수 있다.

　한 가지 더 살펴볼 부분은 헤어 컬러다. 겨울 브라이트에 어울리는 헤어 컬러는 전반적으로 어둡지만 봄 브라이트에 어울리는 헤어 컬러는 밝다. 기본 색조의 베이스는 파랑과 노랑으로 엄연히 다르지만, 채도의 겹침 때문에 헷갈렸던 겨울 브라이트와 봄 브라이트, 이제는 헷갈리지 않을 것이다.

겨울 트루

겨울 트루 팔레트

1	2	3	4	5	6	7	8
9	10	11	12	13	14	15	16
17	18	19	20	21	22	23	24
25	26	27	28	29	30	31	32
33	34	35	36	37	38	39	40
41	42	43	44	45	46	47	48
49	50	51	52	53	54	55	56

　겨울 계열의 컬러 중 겨울 트루는 가장 시원한 느낌이 있어서 차갑게 느껴지지만 그만큼 겨울의 매력을 고스란히 담고 있다. 여름 트루와 비슷한 온도를 가지지만 겨울 트루는 여름 트루에 비해 어두워서 상대적으로 무겁고 어두워 보일 수 있다. 그렇지만 순백의 화이트와 블랙이 있다는 점은 겨울 트루의 장점이라 할 수 있다. 컬러 베이스는 100% 파

란색 베이스로 이루어져 있다. 색상 팔레트 안에 레몬 셔벗 같은 연한 색들은 순백 베이스에 색상이 아주 조금 추가된 파스텔톤으로 따뜻한 느낌보다는 아이시한 느낌이 강하다.

겨울 트루 색상 조합과 배색 추천

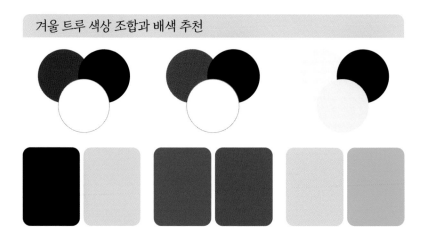

   겨울 트루의 팔레트는 비교적 대비가 높이 때문에 쉽게 포인트를 줄 수 있는 장점이 있다. 밝고 어두운 조합, 혹은 연함과 선명함의 조합 등 다양하게 색 조합을 할 수 있다. 가장 고전적인 조합인 흰색과 검은색 이 대표적인데 어떤 방식으로 매칭을 해도 다 잘 어울리기 때문에 겨울 트루에서 검정과 흰색은 만능 치트키 조합이라고 생각하면 된다. 올 블랙에 딥 레드나 딥 그린같이 포인트를 줄 수 있는 스타일링을 한다면 훨씬 세련되고 차분한 겨울 트루의 매력을 뽐낼 수 있다.

다음과 같은 색상들은 따뜻하고 풍요로운 느낌의 컬러이기 때문에 겨울 트루의 특성과는 정반대되는 컬러라 지양해야 한다. 또 뮤트한 느낌이나 따뜻한 파스텔톤을 가진 색들은 부드러워서 강한 대비와 선명함을 특징으로 하는 겨울 트루 컬러에 묻힐 수 있으니 사용하지 않는게 좋다. 파스텔톤을 사용하고 싶다면 따뜻한 노란색 베이스가 아닌 파란색 베이스로 이루어진 아이시한 파스텔톤을 사용하는 것이 좋다.

TRUE WINTER
WORST COLORS

아이

치크

립

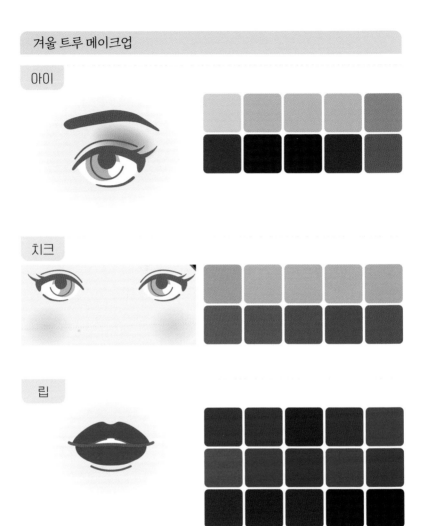

겨울 트루 헤어 컬러

 따뜻한 느낌이 전혀 나지 않는 다크 애쉬 브라운이나 다크 브라운,
쿨 브라운 블랙, 블랙 같은 색상이 겨울 트루에 어울리는데, 튀는 헤어

컬러보다는 얼굴 이목구비와 자연스럽게 어우러지는 컬러가 겨울 트루의 시원하고 뚜렷한 느낌을 살릴 수 있기 때문이다. 캐러멜 브라운이나 스트로베리 블론드, 허니 블론드처럼 금발의 따뜻하고 밝은 컬러는 피

하는 것이 좋다. 다만 어두운 컬러가 싫다면 딥 블루나 실버 핑크처럼 파란색 베이스의 시원한 컬러를 고려해 보는 것도 방법이 될 수 있다.

겨울 트루 스타일링

영화 〈크루엘라〉의 포스터를 보면 블랙 & 화이트로 이루어진 헤어 컬러와 피부톤, 의상에 레드립 겨울 트루의 교과서 같은 스타일링을 볼 수 있다. 겨울 트루 팔레트의 색상들은 대비가 높은 팔레트 속 색상들 끼리 여러 조합이 가능하지만, 무채색을 좋아하는 한국인 특성상 강렬 한 원색으로 이루어진 의상을 입기엔 진입 장벽이 있을 수 있다. 하지 만 심플한 게 베스트라는 말도 있듯이 청바지에 흰 셔츠만 입어도 잘 어울리는 것이 겨울 트루다. 기본은 무채색 계열의 의상을 입되 액세서 리를 활용하는 것도 방법의 하나다.

겨울 트루에 사용할 액세서리나 주얼리는 실버나 백금 같은 소재가 잘 어울린다. 진한 골드나 구리 하다못해 로즈골드까지도 겨울 트루만 의 선명하고 시원한 느낌을 상쇄시킬 수 있으니 피하는 것이 좋다. 질 감은 유광에 매끄러운 질감이 좋다.

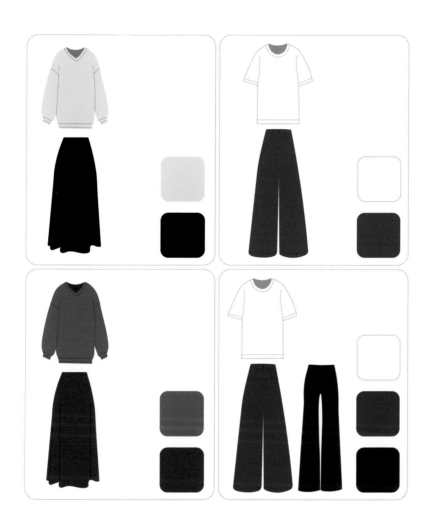

겨울 딥

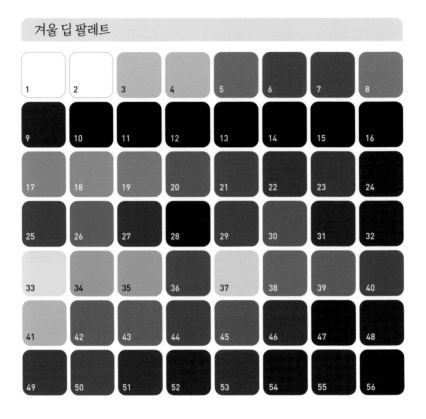

구름 한 점 없는 겨울밤 하늘의 은하수 같은 겨울 딥은 파란색 베이스의 가장 어두우면서도 높은 채도를 가지는 컬러로 이루어져 있다. 흰색 계열의 색상들을 제외하면 대부분이 어두운 느낌이 있다. 컬러 포지셔닝에서 가을 딥과 겨울 트루 중간에 있어 이 두 가지 컬러와 비슷한 특성을 공유하기도 한다. 가을 딥보다는 겨울 딥이 밝고, 가을 딥과 인접해 있어서 겨울 트루보다 부드럽고 따뜻한 느낌이 든다. 그렇지만 전체적으로 원색의 차갑고 어두운 컬러로 이루어져 있다.

겨울 딥 색상 조합과 배색 추천

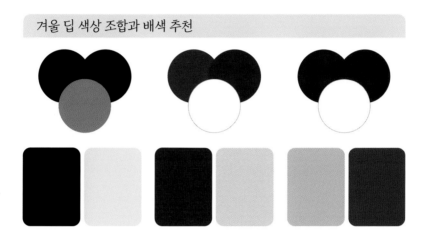

겨울 딥의 색상 조합 포인트는 다 어둡거나 뉴트럴 색상에 밝은색을, 혹은 깊이가 단계별로 구성된 단색 조합에 약간의 밝은 컬러를 조합하는 것이다. 겨울 딥이 대부분 대비가 높은 색상들로 이루어져 있어서 다채로운 느낌을 주기 위해서는 색상 대비가 필수적이다.

겨울 딥과 맞지 않는 컬러

겨울 딥은 한겨울의 밤처럼 어둡고 시원한 느낌이 있어서 밝고 따뜻한 색상과는 맞지 않는다. 가을에 어울릴 법한 오렌지, 황토, 구릿빛 색상들은 얼굴 피부색과 어우러지지 못해 낯빛을 칙칙하게 만들 수 있고 피곤하거나 더 나이 들어 보이게 할 수 있다.

DEEP WINTER
WORST COLORS

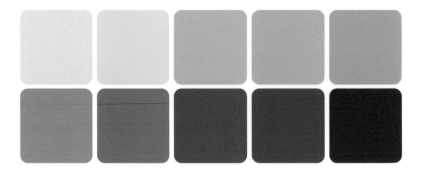

겨울 딥 메이크업

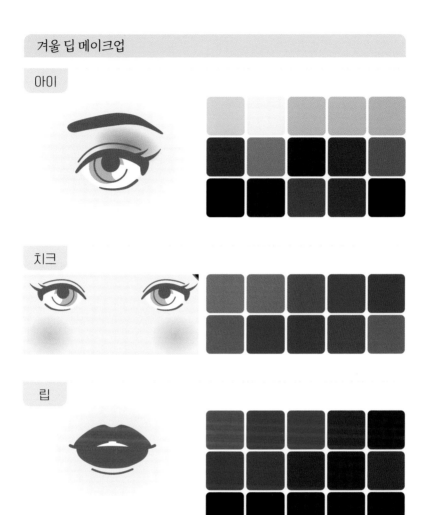

아이

치크

립

겨울 딥 헤어 컬러

미디움 브라운, 다크 브라운, 쿨 블랙 브라운, 블랙처럼 어둡고 무거운 컬러가 겨울 딥에 어울린다. 이런 어두운 컬러가 답답하다면 백발이나 은빛 컬러에 도전해도 좋다. 그러나 캐러멜 브라운이나 체슈넛 브라운, 허니 블론드같이 황금색에 가까운 밝고 따뜻한 컬러는 이목구비의 뚜렷함을 상쇄시키고, 오히려 얼굴이 답답해 보일 수 있으니 피하는 것이 좋다.

겨울 딥 스타일링

블랙 가죽 재킷이 가장 잘 어울리는 겨울 딥의 스타일링 포인트는 무엇일까? 다크 네이비 베이스에 화이트 스모크같은 뉴트럴 컬러의 조합 같은 대비감을 이용하는 방법과 버건디 베이스에 자두색을 강조색으

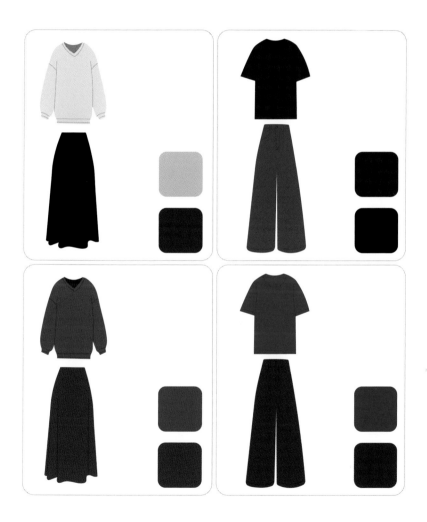

로 사용하는 것처럼 단색 조합하는 것이 스타일링의 포인트다. 이렇게 하면 고급스러운 룩을 연출할 수 있다. 물론 올 블랙도 포함이다. 겨울 딥만큼 블랙이 잘 어울리는 컬러 팔레트가 없을 정도로 겨울 딥은 사실 베이스 컬러를 블랙으로만 해도 다채로운 스타일링을 완성할 수 있는데, 여기에 질감을 다양하게 쓰면 더 매력적이다.

액세서리 같은 경우 금, 은 모두 사용 가능한데, 금보단 백금이 좋다. 그러나 가장 좋은 선택지는 역시 실버다. 표면 질감은 유광이나 무광 모두 잘 어울린다. 여기에 차가운 느낌이 나는 에메랄드, 블루 사파이어, 청금석 같은 원석들로 만들어진 주얼리를 선택하는 것이 좋다.

겨울 딥 vs 가을 딥

겨울 딥과 가을 딥은 컬러 포지셔닝에서 가장 어두운 부분을 차지하고 있는 색상이다. 단편적인 차이가 있다면 겨울 딥은 쿨하고 가을 딥은 웜하다는 점이다. 겨울 딥은 앞서 이야기했듯 대비가 높은 컬러 위주로 구성되어 있어서 인물의 이목구비가 뚜렷하게 보인다. 반면 가을 딥은 부드러우면서도 따뜻하므로 이목구비가 겨울 딥에 비하면 조화로운 편이다.

퍼스널 컬러 진단 후기

"신은 인간의 내면을 볼 수 있지만 인간은 그것을 볼 수 없으니 외형을 봐야 한다" - 톨스토이

발랄하고 귀여운 다영

다영 씨는 밝고 활발한 성격만큼이나 외모에서도 사랑스럽고 귀여운 이미지를 가지고 있었다. 150cm가 조금 넘는 아담한 키에 연갈색의 약한 웨이브를 넣은 헤어스타일을 하고 있었는데, 이런 귀여운 성격과 외모에도 마음에 둔 이성과 사귀기는 쉽지 않아 짝사랑만 하고 있다고 했다. 특히나 임용고시를 준비하면서 차분한 교사 이미지에 맞는 어두운 베이지색 체크 재킷과 딥 그린 카디건 또는 올 블랙 트레이닝복과 안경을 주로 착용하여 자신의 매력을 효과적으로 표현하지 못했다. 이런 다영 씨가 선호하는 진한 베이지와 어두운 초록색은 누군가에게는 베스트 컬러겠지만 본인의 피부톤과 맞지 않아 칙칙하게 보이고 잡티가 두드러지게 하는 등 워스트 컬러다.

퍼스널 컬러 분석 결과 다영 씨는 봄 웜톤이었다. 피부가 노란빛을 띠며 얇고 햇빛에 노출되면 색소가 잘 올라오는 특성을 가지고, 모발이 얇아 풍성한 스타일링이 어렵다. 이런 분석을 바탕으로 피부에 자연스러운 광을 주는 메이크업을 추천하고 코랄 및 피치 계열의 립 제품을 사용하여 봄 웜톤에 적합한 색상을 적용했다. 저녁 모임에서는 글리터를 활용해 화려한 효과를 추가하고, 빨강 원피스와 옐로우를 기반으로 하고 있어 웜톤에만 어울리는 오렌지 컬러의 의상을 제안하여 다영 씨의 매력을 더욱 강조하도록 조언해 주었다.

자신의 달라진 모습에 감탄하며 돌아간 그녀는 얼마 후 짝사랑하던 이성과 사귀게 되었다는 소식과 임용고시는 떨어졌지만, 원하던 회사에 들어가게 되었다는 좋은 소식을 전해주었다. 특히나 회사 면접에서 자신에게 어울리는 스타일링을 통해 자신 있게 면접에 임해 좋은 결과가 있었던 것 같다며 감사의 인사를 전했다.

쇼핑중독에서 성공한 커리어 우먼이 된 민정

민정 씨는 하얀 피부로 어떤 색상이나 스타일도 자신에게 잘 어울린다고 생각해 유행에 민감하게 반응하며 다양한 아이템을 구매하는 데 열중했었다. 또한, 화장품 구매 시에도 개인의 취향을 우선시하여 자신에게 적합하지 않은 색상을 선택하였고, 옷의 색상 또한 기분에 따라 구매했다. 민정 씨는 시각적으로 매력적인 색상과 유행을 좇아 쇼핑을 즐겼지만, 이러한 접근은 스타일링에 일관성을 결여시켰고, 결과적으로 중구난방의 패션을 연출하게 되었다.

민정 씨의 직업은 기자로서 보수적인 인물들과의 만남이 빈번하고, 예의를 갖추어 자신의 이미지를 적절히 표현해야 하는 상황이 많음에도 불구하고, 그녀의 스타일링은 직업의 요구에 맞지 않아 최적의 인상을 주지 못했다. 그러다 어느 정도 나이가 되면서 개성보다도 본인의 최적 스타일을 찾고자 했던 민정 씨는 퍼스널 컬러 분석을 의뢰하게 되었는데, 이는 그녀의 스타일에 중요한 전환점을 마련한 중요한 계기가 되었다.

퍼스널 컬러 분석 결과 민정 씨는 겨울 쿨톤과 내추럴 체형으로 판별되었다. 화장품 파우치를 확인해보니 유명하긴 하지만 웜톤에나 어울리는 유명 코랄 립글로스와 그럭저럭 어울리지만 베스트는 아닌 진한 핑크 립글로스가 포함되어 있었는데 이런 색상은 쿨톤의 피부와 조화를 이루지 않아 피부 톤을 칙칙하게 보이게 한다. 퍼스널 컬러 결과에 맞추어 쿨톤에 적합한 립메이크업 색상을 제안했더니, 민정 씨는 자신이 그동안 어울리지 않는 색상으로 스타일링 했던 것이 아쉽지만 지금이라도 알게 되어 다행이라며 안도했다. 또한 퍼스널 컬러에 맞춘 스타일링도 조언해 주었는데, 어두운 갈색의 긴 머리 대신 블랙으로 염색하고 짧은 단발 스타일을 시도할 것을 권했다. 액세서리는 이목구비에 맞춰 중간 사이즈를 선택하고, 쿨톤에 맞게 실버와 로즈골드, 미디엄 사이즈의 화이트 진주를 활용하여 그녀의 이미지를 더욱 돋보이게 했다. 또한, V넥 의상 착용 시 액세서리도 V 형태로 배열하는 것이 매력적임을 조언해 주었다.

집으로 돌아간 민정 씨는 새로운 스타일링 시도에서 즐거움을 느끼면서도, 자신만의 최적 스타일링을 통해 직업적으로 새롭게 만나는 이들에게 긍정적인 인상을 심어줄 수 있게 되었다고 전해주었다. 깔끔하고 지적인 이미지로 신뢰감을 주게 된 것은 큰 성과로 평가되어, 직업과 이미지의 일치를 통해 커리어 성공을 이룰 수 있었던 것이다. 퍼스널 컬러와 체형 진단을 통한 스타일링의 시너지는 그녀의 에너지를 효과적으로 발휘하게 하였고, 앞으로도 그녀의 성장과 성공에 긍정적인 영향을 미칠 것으로 기대해본다.

다영 씨와 민정 씨의 사례는 퍼스널 컬러와 스타일링이 개인의 자신감을 어떻게 극대화해 좋은 결과를 가져오는지를 보여주는 중요한 사례이다. 다영 씨와 민정 씨처럼 자기 외모와 성격에 대한 깊은 이해를 바탕으로 효과적인 스타일링을 통해 삶의 긍정적인 변화를 경험했으면 좋겠다.

부록1

골격분석
체형 진단

골격분석을 통한
최적의 스타일링

"패션은 건축과 같다. 그것은 비율의 문제이기 때문이다"

-코코 샤넬

　퍼스널 컬러로 자신만의 색을 찾았다면 그다음은 자신만의 체형을 알 수 있는 '골격분석'을 통해 스타일링을 확실하게 한층 더 업그레이드할 수 있다. 개인마다 타고난 고유의 색이 있듯이 타고난 골격의 모양도 존재한다. 자신만의 체형과 그 형태를 분석해 가장 잘 어울리는 패션이 완성될 수 있도록 알아내는 것이 골격분석이다. 색상을 통해 자신을 최상의 상태로 드러내는 것에 큰 시너지 효과를 주는 것이 바로 패션스타일이다. 이 스타일링을 위해서는 반드시 자신의 골격을 알고 이해해야 한다. 이것을 알고 나면 장점은 드러내서 돋보이게 하고, 단점은 상대적으로 드러나지 않도록 스타일링을 할 수 있게 된다. 또한 자신만의 패션을 구축하는 것에 큰 도움이 되는 것은 두말할 것도 없다. 입생로랑은 "옷을 입고 기분이 좋으면 무슨 일이든 일어날 수 있다. 좋은 옷은 행복으로 가는 여권이다."라고 말했다. 여기서 좋은 옷이란 비싼 옷이 아니라고 생각한다. 좋은 옷이랑 자신의 체형에 잘 맞는 색상과 모양을 나타낸 옷을 의미한다. 이러한 옷이야말로 진정 자신을 돋보이게 해주기 때문이다. 따라서 좋은 옷을 선택하기 위해서는 자신의 골격을 이해하는 것이 필수적이다. 골격은 크게 스트레이트, 웨이브, 내추럴 3가지로 구분한다. 자신의 체형을 안다는 것은 스타일링의 시작이며 기본이다. 몸을 패션에 맞추기보다는 패션을 나의 몸에 맞추어 나만의 베스트 스타일을 채워나가 보자.

〈스트레이트 체형〉

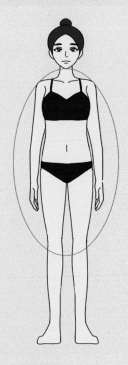

스트레이트 체형은 골격보다는 근육감이 더 느껴지는 체형이다. 흉곽의 두께감과 입체감이 두드러지고 목과 허리가 짧고 굵은 편이며 허리도 짧다. 가슴의 볼륨이 강조되어 전체적으로 입체적인 라인을 형성한다. 하체는 직선형으로 뻗어 전체적으로 비율이 좋아 보이는 편이다. 근육이 발달해 내추럴 체형과는 달리 쇄골과 무릎뼈가 덜 두드러진다.

Advice

· 짧은 목을 보완할 수 있는 V넥 상의
· 캐시미어나 실크처럼 부드럽게 떨어지는 소재

· 볼륨이 크고 화려한 장식
· 상체가 짧아 보이게 하는 오버핏이나 허리라인을 부각하게 만드는 디자인
· 시폰이나 폴리에스터와 같은 부피감 있는 옷감 혹은 너무 얇은 옷감

〈웨이브 체형〉

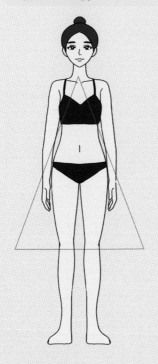

전체적으로 삼각형의 모양으로 뼈와 근육의 느낌이 거의 없고 부드러운 곡선의 이미지이다. 상체보다 하체의 볼륨감이 더 크며, 가냘픈 상체와 넓은 골반이 특징이다. 또한 힙의 아랫부분이 튀어나온 경우가 많다. 몸통은 두께감이 없어 목이 길고 가는 편이며 어깨도 좁고 처진 편이어서 가슴의 위치도 아래쪽에 있다.

Advice

· 어깨와 가슴을 채워주는 리본, 레이스, 주름 등 장식이 많은 상의
· 부피감과 입체감이 있는 시폰과 폴리에스터 혹은 단단함이 있는 트위드 소재
· 상의를 짧게 해 다리와 비율을 좋게 만들어주는 하이웨이스트 팬츠나 세미 와이드 팬츠
· 잘록한 허리를 강조하는 크롭티, 허리끈 활용

· 상체가 드러나는 목선이 깊이 파인 옷. 파인 옷을 입을 경우는 스카프를 활용
· 엉덩이 위치가 아래에 있어 밑위가 그대로 드러나는 팬츠. 팬츠보다는 스커트 활용 추천

〈내추럴 체형〉

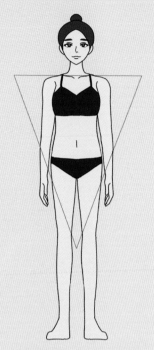

내추럴 체형은 뼈의 느낌을 강하게 주는 골격을 가진 것이 특징이다. 쇄골 뼈가 도드라지고 어깨 끝까지 길게 뻗어 있는 형태를 보여준다. 상체는 그리 두껍지 않은 편이지만 가냘프다기보다는 탄탄한 느낌을 준다. 장신에 속하는 이들이 많아 팔다리가 시원하게 뻗어있는 이들이 속한다. 키가 그리 크지 않아도 전체적으로 밸런스가 좋게 느껴지는 경우가 많다. 허리선이 높고 힙의 볼륨감이 그리 크지 않으며 무릎뼈가 두드러지고 큰 편이다. 단단한 골격이 기반이 되는 체형이기 때문에 상대적으로 옷맵시도 좋다. 보통 체형의 모형은 역삼각형이나 직사각 형태를 보여준다.

Advice

· 스타일리쉬해 보이는 자연스럽게 떨어지는 형태의 옷
· 루즈한 스타일의 옷이나 자연스러운 핏 또는 와이드핏
· 골격을 부드럽게 가려주는 오버핏 재킷, 빅 머플러, 볼드한 액세서리, 레이어드 스타일
· 자연스러운 멋을 연출하는 천연소재, 리넨

· 몸의 형태가 드러나는 슬림핏

부록2

퍼스널 컬러
한눈에 보기

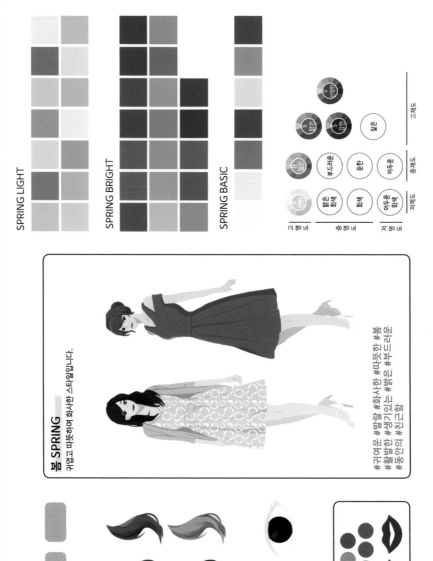

SPRING LIGHT

SPRING BRIGHT

SPRING BASIC

봄 SPRING
귀엽고 따뜻하며 화사한 스타일입니다.

#귀여운 #발랄 #화사한 #따뜻한 #봄
#활발함 #생기있는 #밝은 #부드러운
#동안의 #친근함

SKIN

HAIR

EYES

MAKE-UP

하주선퍼스널컬러

AUTUMN MUTE

AUTUMN DARK

AUTUMN BASIC

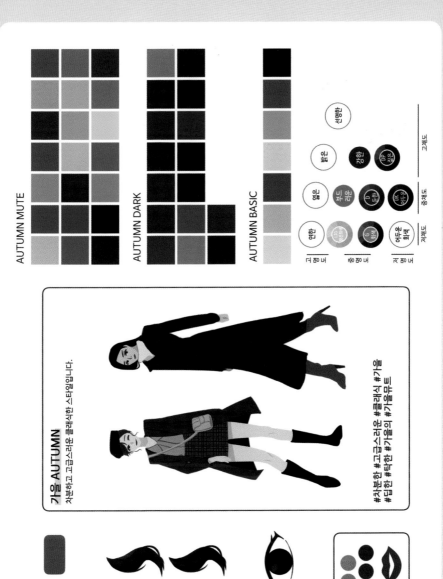

가을 AUTUMN
차분하고 고급스러운 클래식한 스타일입니다.

#차분한 #고급스러운 #클래식 #가을
#단단한 #탁한 #가을의 #가을뮤트

SKIN

HAIR

EYES

MAKE-UP

선명한

밝은　강한　맑음

옅음　부드러운　도화　여주어두운

연한　화려

고채도　중채도　저채도

고명도　중명도　저명도

SUMMER LIGHT

SUMMER MUTE

SUMMER BASIC

고채도
중채도
저채도

고명도 · 중명도 · 저명도

여름 SUMMER
시원하고 상쾌하여 우아한 스타일입니다.

#여름 #시원한 #우아한 #상쾌한
#조용한 #느낌있는 #여름라이트 #여름뮤트 #여름무트

SKIN

HAIR

EYES

MAKE-UP

하주선퍼스널컬러

퍼스널 컬러는 우리의 개성과 성격을 반영한다. 각각의 계절별 컬러 팔레트와 그에 따른 조언은 우리가 옷, 메이크업, 및 액세서리를 선택할 때 가이드 역할을 한다. 이를 통해 자신만의 유니크한 스타일과 맞춤형 이미지를 구축할 수 있다. 나아가 퍼스널 컬러를 통해 우리가 자신의 아름다움을 발견하고 표현하는 데 도움을 주어 나를 바꾸지 않아도 자신을 사랑하며 받아들이는데 유용한 도구가 될 것이다.

이 책은 퍼스널 컬러에 대한 기본 개념과 원리를 다루는 것뿐만 아니라 실제로 자신의 퍼스널 컬러를 찾고 활용하는 방법에 대해 정확하고 쉽게 설명하려고 노력한 결과물이다. 이 책이 퍼스널 컬러의 교재로 활용되어 많은 사람들에게 부디 도움이 되기를 바란다.